［図説］

樹木の文化史

知識・神話・象徴

フランシス・ケアリー［著］

小川昭子［訳］

The TREE

Meaning and Myth

柊風舎

To my colleagues at the British Museum and Royal Botanic Gardens Kew, from whom I have learnt so much

The Tree : Meaning and Myth
by Frances Carey

First published in 2012 by The British Museum Press, a division of The British Museum Company Ltd
Japanese translation rights arranged with The British Museum Company Limited, London through Tuttle-Mori Agency Inc., Tokyo

Half-title page : Myles Birket Foster(1825-99), An apple tree. 1860s. Watercolour over graphite, 20.1 x 25.9cm(see p.197)
page 88 : Walter Crane(1845-1915), Orchard scene(detail). 1874. Watercolour and bodycolour, 22.9 x 31.8cm

〈図説　樹木の文化史〉目　次

第2部　樹木譜

ஏனையிருடர்படாஅணாமலைகுருமணிகண்டிகே
ஊணிக்கம்குலேவெச்சம்மெனும்கோலியிராம
போனாலாடம்

மடையுமதனத்துஅண்ணைவத்துலாராடமுலணுக்கிரை
மமைநாத்துமதுணைட்டையானயிட்டம்

மாகேலேந்திமணதிணைத்துண்டுபோந்திடிப்பாஇணைத்தியமயானாலைறே

はじめに

昔は木々が神々の社《やしろ》だった。そして原始的な儀式と同様に、素朴な田園では今も際だって高い木が神に捧げられている。私たちも、輝く金や象牙の像を、森やその中の深い静寂ほどには崇敬していない。さまざまな木が今日も依然としてそれぞれの神に捧げられている。たとえば、樫《かし》はユピテルに、月桂樹はアポロンに、オリーブはミネルウァに、銀梅花《ぎんばいか》はウェヌスに、ポプラはヘラクレスに捧げられている。

プリニウス『博物誌』第七巻（紀元七七―九年）[*1]

手入れの行き届いた森には聖母の恵みがある
人は不愉快にされることがない
少なくとも、人類が森を存続させるほどの
慎みを持ち続けると信じて私はそれに賭けている
散策の道すがら出会う木々は
その地の心を雄弁に物語る

W・H・オーデン『田園詩第二部―森林』（ニコラス・ナボコフに捧げる）（一九七九年）[*2]

樹木は人類が自然界や超自然界と関わるとき、いつもその中心にあった。そしてこの関わりが人類の環境面と精神面、両方の健やかさを示す指標となっている。木々そのものや、それにまつわる記憶が想像を喚起する力がはっきりと立ち現われるのは、何といっても聖なる森、つまり「森やその中の深い静寂」とのつながりにおいてだろう。古代メソポタミア（現在のイラク）では、世界最古の文学、四千年から五千年前に成立した『ギルガメシュ叙事詩』に、レバノン杉の森が神々の世界として現われている。ギルガメシュは神々から森の番を託されていた怪物のフンババを倒し、勝ち誇って木々を見境なく伐採した。つまり『ギルガメシュ叙事詩』は、森の象徴的な意味と、人類が無謀に自然をないがしろにすること、そしてそのあらゆる影響を認識していたのだ。

やはり古い詩で、紀元前一世紀に書かれたウェルギリウスの『アエネーイス』も同じくらい森の不思議な力に魅了されている。ローマの建国伝説を語る中で、トロイア陥落後に敗走したアエネーアース王子は、ナポリ西方の海沿いにあって、冥界への入り口と信じられていたア

ウェルヌスに到着する。そこで彼は「ステュクスの聖林と命ある者に道を閉ざした王国」[*3]を一望するところへ行くための唯一の通行手形である金の枝へ導かれる。金の枝はしばしばセイヨウヤドリギ（*Viscum album*）（図6参照）を指していて、ゼウス＝ユピテルの神木とされるオークをはじめ、さまざまな樹木を宿主とする寄生植物だ。アエネーアースはテヴェレ川をさかのぼって、後にローマが栄える地、森が「ファウヌスやニュムペー、そして頑丈な木の幹から生まれた人類の種族のふるさと」[*4]であった場所にたどり着く。

いま一つ、今度は南アジアの偉大な叙事詩で大部分が紀元前五世紀または四世紀に成立した『ラーマーヤナ』でも、森は重要な場所になっている（図1）。主人公のラーマ王子は即位するはずだったアヨーディヤの王位を剥奪され、妃のシーターと弟ラクシュマナと共に一三年間の亡命生活を、古代インド最大の森ダンダカで過ごしているのだ。アフリカに目を向けると、ナイジェリア南部では、エド族やヨルバ族の人々にとって、聖なる森が海を統べる白面の神オロクンなどを祀る場所を意味している。中世のイフェ王国で作られた真鍮の冠を被った頭像が一九一〇年に初めて発掘されたのはこのような場所だった。これをはじめ、一九三八年にイフェ市内で発見されたいくつもの頭像が、儀式のときには代々の王を祀るため、木立の中に並べられたものと思われる（図2）。

[1]（右）『ラーマーヤナ』森林の巻（アラニヤ・カーンダ）を描いた木綿の織物（部分）。インド南部タミル・ナードゥ州またはスリランカにて制作。19世紀。103x755cm（全体）

[2]（左）オニ（王）の頭像。真鍮の鋳物。ナイジェリア、イフェ、ヨルバ族。12-15世紀。高さ36cm

樹木はどれほど古いのか

樹木の本当の起源はどんなに途方もない伝説が語るよりもはるかに古い。化石の研究から、陸上植物が登場したのは約四億一〇〇〇万年前だとわかっている。それから四〇〇〇万年から五〇〇〇万年後に導水管が木質化して「樹木」らしい構造を持つ植物が現われた（図3）。それにひきかえ、最初の霊長類は六〇〇〇万年前まで現われず、原人の初登場は最大でも五〇〇万年から六〇〇万年前のことである。

オーク、ハンノキ、ハシバミなど、イギリス諸島の歴史に欠かせないと考えられている木々も、過去二〇〇万年の間には気候変動にともなって栄枯盛衰があった（図4）。しかし、それももう一つの島の歴史に比べたらほんのつかの間のできごとにすぎない。生物多様性のホットスポットでさまざまな動植物の固有種のふるさと、マダガスカル島だ。ここで隔絶したまま数百万年間進化した木にバオバブ属（*Adansonia*）がある。全部で八種あるうち六種がマダガスカルだけに生え、もう一種がマダガスカルだけでなくアフリカ本土でも見られる（90ページ参照）。

樹木世界の「生命の不思議」の一つが長寿の木である。スコットランドのテイ湖畔にあってヨーロッパ最古の木とされるフォーティンゴールのイチイの木は樹齢二〇〇〇年を超えている。しかし、それをはるかに抜き去るのがカリフォルニア東部、ホワイト山脈に生える驚くべきマツの一種、イガゴヨウで、樹齢五〇〇〇年に迫るものがある。

［3］*Archaeopteris hibernica*、黄色砂岩に残された最古の前裸子植物（胞子をつける樹木に似た植物で、現在はすべて絶滅）の枝。アイルランド、キルケニー出土。長さ25cm（ロンドン、自然史博物館）

［4］スイート・トラック（部分）。イングランド、グラストンベリーに近いサマセット低地の葦原を横切る木道。用材はオーク、トネリコ、ボダイジュで、桁や木釘は主にハシバミとハンノキ。年輪から、紀元前3807または3806年に作られたことがわかっている。名称は1970年にピートを掘っていてこれを発見したレイ・スイートから。

樹木と大英博物館

一七五三年、偉大な博物収集家のひとりサー・ハンス・スローン（一六六〇―一七五三）の遺贈によって設立されて以来、樹木はずっと大英博物館の根幹にある。乾燥させた植物を台紙に貼った標本帳と、種子、果実、樹皮、根、樹脂などを収めた標本箱から成るスローンの植物コレクションは、世界各地への先駆的な探検旅行で集められた膨大なものだった（図5）。そうした探検の一例が、一六八七―九年のジャマイカへの航海で、このときにはなんと八〇〇もの新種を見つけている。[*5] もう一人、大英博物館の草創期に植物学の面で大きな貢献をした人物が、博物館理事でキュー王立植物園の顧問だったサー・ジョゼフ・バンクス（一七四三―一八二〇）である。また、大英博物館がごく初期に採用した職員の一人に、スウェーデンの植物学者リンネの弟子、ダニエル・ソランダー（一七三三―八二）という人がいた。一七六三年以後、ソランダーの仕事はスローンのコレクションを整理することだったが、五年後にジョゼフ・バンクスのお供でキャプテン・クックが南洋へ向かった第一回航海（一七六八―七一）に同行し、一世一代の大仕事をする。現在のオーストラリア、シドニーに停泊中の一七七〇年五月六日、クックは日誌にこう書き記した。「バンクス氏とソランダー博士、この場所にてあまたの新種植物を採集により、ここをボタニー（植物学）湾と命名。[*6]」

やがて博物の収蔵品はブルームズベリーの大英博物館に入り切らなくなってサウスケンジントンへ移り、その場所で一八八一年に自然史博物館がオープンした。しかし、植物学への関心の痕跡は大英博物館に残っていて、とりわけスローン遺贈のスケッチ帳や水彩画帳をはじめ、メアリー・ディレーニーの「貼り絵」のように後になって収蔵された品々にも見てとれる。ディレーニーは一七七〇年代にこういう押し花のイ

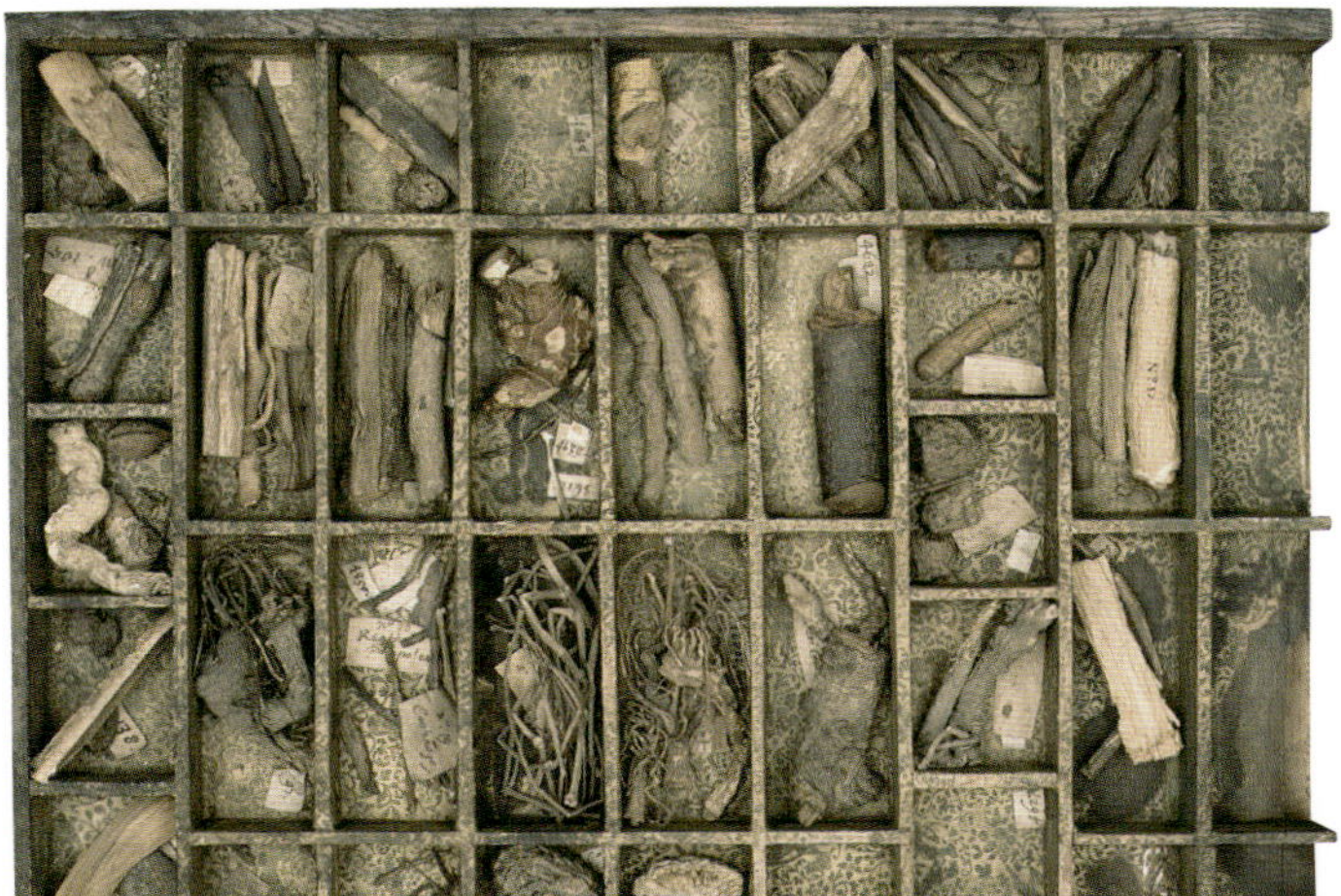

[5] サー・ハンス・スローンの植物標本帳と「草木物質」箱（ロンドン、自然史博物館。一部が大英博物館の啓蒙主義ギャラリーに貸与されている）

ミテーション（図6）を一千種近く制作した。モデルには、チェルシー薬草園のほか、ポートランド公爵夫人をはじめ多数の友人の標本コレクションからの植物を利用し、サー・ジョゼフ・バンクスもキューの王立植物園から、多数の草木を提供した。

そしてディレーニーはまがい物の木陰を作る
紙の木の葉や薄絹の花々を
乙女らの繊細な鋏が巧みに踊り
青葉に脈をつけ、花びらを染めていく
エラズマス・ダーウィン、「草木の恋」（一七八九年[*7]）

このような、記録でもあり芸術でもある作品は、人の手で作られて世界の歴史を語る品々として申し分がない。一八八〇年以来、大英博物館の重点目標はそういうものの収集にある。この本ではこうした工芸品を通して、幅広い文化史の一部として樹木というテーマに迫っていく。そこに関わってくるのは、科学と芸術、旅行と交易、詩文と散文、神話、信心、儀式など。まず第一章として、私たちの木に関する知識――見分け方や育て方――がどのように発達してきたのかを見ることから始めて、次に探検航海での発見や、十九世紀の「太古」へのあこがれが与えた影響を探っていく。地質学の進歩にチャールズ・ダーウィンの進化論が組み合わさったとき、「生命の樹」が実際にはどういうものなのか、理解が一変した。

芽が育ってさらに新しい芽を生じさせ、その芽に活力があれば枝分かれして四方八方のひ弱な枝にかぶさっていく。世代による偉大な「生命の樹」も同様だったと私は信じる。その枯れ枝や折れ枝が地殻を満たし、どこまでも分かれていく分枝によって地表を覆うのである。*8

「生命の樹」が何を象徴するのかが第二章の焦点で、ここでは神話や宗教や芸術において樹木がいかに重要な意味を持っているかを見ていく。その次には「樹木譜」として二五種類の木のプロフィールをラテン語の属名順に紹介する。最後にエピローグで、冒頭に掲げたW・H・オーデンの詩に戻り、人がどのように樹木をあつかっているのか見直して、人類にどれほど大きなものが賭けられているのか評価してみよう。

［6］メアリー・ディレーニー（1700-1788）、セイヨウヤドリギ（*Viscum album*）。1776年。黒塗りの背景にグワッシュおよび水彩によって彩色した紙のコラージュ。28.4x 21.3cm

第1部

【第1章】
樹木の知識

「名前に何の意味がありましょう」

分類の原則を紹介するときによく引き合いに出されるシェイクスピアのジュリエットの問に対する答を一言で言えば、「かなり」ということになる。[*1]「バラと呼んでいる花を、別の名前にしてみても、美しい香りに変わりはない」[*2]のだが、見分け方について合意された基準がなければ、ただの名前はすぐに意味を失ってしまう。西洋では、植物界の体系作りは古代ギリシアの知識、とりわけテオフラストス（紀元前三七一頃―二八七）の研究に負うところが大きい。テオフラストスはアリストテレスの弟子で、そのアリストテレスは、アジアへ遠征したアレクサンドロス大王の家庭教師だった。紀元前四世紀初めに行なわれたこの遠征は、植物学と園芸学の知識を大きく飛躍させたのだ。『植物誌』と『植物原因論』という著書の中で、テオフラストスは植物を木本《もくほん》と草本《そうほん》に分け、育ち方、産地、大きさ、実用性、経済的な用途などで分類した。

説明に添えられた植物画の嚆矢はクラテウアスによるとされている。アナトリア北部（現在のトルコの一部）ポントスの王でローマの強敵だったミトリダテース六世（紀元前一三四―六三）の侍医だった人物で、大プリニウスは百科事典のような『博物誌』（紀元七七―七九）に次のように書いている。

クラテウアス、ディオニュシオス、そしてメトロドロスは非常に魅力的な方法を採用したが、それを使うことの困難さ以外に大したことを示していない。彼らは植物の似姿を描き、絵の下にその特性を書いたのだが、自然を写し取ろうとするため色が多いことから絵が誤解を招きやすいだけでなく、写本製作者の正確さに多くの危険を来たし、そこから大きな欠陥が発生する。さらに、一つの植物について一生のうちの一時期だけを描いたのでは十分とは言えない。植物は四季によって姿を変えるのだから。[*3]

十六世紀末から十七世紀という、近世もかなり進んだ頃まで、植物については経済的な用途よりも薬理学的な特性が最大の関心事だった。主な参考書は、紀元六五年頃にギリシアの医師ディオスコリデスが著わし、六世紀前後にラテン語に翻訳された『薬物誌』。この本は植物を名前順に並べず、まずカテゴリーというか、種別に分類し、その中で人体に対する影響に応じて列挙している。もう一人、顕著な貢献をしたのがペルシアの博識家でラテン語名アウィケンナ（九八〇頃―一〇三七）で知られる人物だ。彼は、スペイン南部、北アフリカ、地中海東部の薬草についての記述を残した。

ヨーロッパ人にとっての植物学の基準系は、他の大陸の豊かさが分かるのと歩調を合わせて幅が広がっていった。十六世紀にアメリカ大陸に渡ったイエズス会のスペイン人宣教師たちは、出会った植生の珍しさと多様さを見て、神は二つのまったく異なるエデンの園をお造りになったにちがいないと信じたほどだった。スペインのすぐ後からフランスとイギリスも北アメリカ東岸に船を着ける。新種の植物が記録され、母国へ持ち帰って栽培しようとあらゆる努力が払われた。イングランドでは、一六三八年に同名の父の後を継いでチャールズ一世とヘンリエッタ・マライア王妃のお抱え植物学者になったジョン・トラデスカント（一六〇八―一六六二）が、テムズ河畔のランベスに父と造った庭園に北アメリカ東海岸産のよく目立つ樹をいくつか導入した。ラクウショウ（*Taxodium distichum*）、エンピツビャクシン（*Juniperus virginiana*）、ニセアカシア（*Robinia pseudoacacia*）、ユリノキ（*Liriodendron tulipifera*）である。

大量の新種が流入したため、直接体験に基づいて分類体系を改良することがどうしても必要になった。十七世紀にこれに関連して忘れてならない人物が二人いる。ジョン・レイ（一六二七―一七〇五）とニーヘマイア・グルー（一六四一―一七一二）だ。博物学者で、サー・ハンス・スローンの親友でもあったジョン・レイは、世界各地を旅行して観察の成果を『植物誌』（一六八六―一七〇四）として出版した。彼は現在の科学的な意味で「種《しゅ》」という用語を初めて使った人で、「個体内もしくは種内でどのような変化が起ころうとも、同一の植物の種子から発生したものならば、それは偶然の変化であり、別種として識別すべきものではない」と書いている。*4 医師だったニーヘマイア・グルーは植物の解剖学に生涯を捧げた。新しく発明されたばかりの顕微鏡を駆使して植物の形態を調べ、「他の植物との目に見える共通点」を確かめた。*5 その方法論はグルーが一六七七年から幹事を務めた王立協会に提出した一連の論文に詳しく述べられている。

繰り返すと、調べるときはすべての部分だけでなく、いろいろな種類の植物を比較しながら調べる。大きさ、形、動き、年数、樹液、質、効力、その他何であれ同じものをいろいろと観察する。その中でまた、一つまたはそれ以上の点について、その内部構造が一致することがあり得る。そして、この比較をあらゆる部分と特性について行なっていく。同様に、いくつかの季節や年数で、各部分を観察すると、さまざまなものが変化するのが分かる。単に大きさだけでなく、性質もまた変わる。ちょうど、動物では時として血管が腱に、軟骨が骨に変わるようなものだ。そして、これをすべて斜め、縦、横など、いくつかの切断法で観察する。観察というよりも完全に理解することが望ましく、そのためにはこの三通りがすべて必要である。また、時には切断した切片ではなく折ったり裂いたりといった方法で分割する方がよい場合もある。メスと共に、顕微鏡を使うことが必要で、それによってあらゆる部分をあらゆる方法で調べるのである。*6

大英博物館創設者、サー・ハンス・スローンはまた、一七二七年にサー・アイザック・ニュートンの後を継いで王立協会の会長になった人物だが、植物標本最大のコレクションの持ち主でもあった。グルーと同様に医者で、グルーの博物コレクションも譲り受けたスローンの標本室は、その規模、幅広さ、そしてスローンの家を訪ねてくる多くの客に開放されていたという点で重要だった。この邸宅は当初ブルームズベリーにあり、一七四二年にチェルシーに移って、スローンは一七五三年の死までここに住んだ。一六九六年に彼は一六八七—九年のジャマイカ旅行で観察した植物に関する本を出版する。[*7] ジョン・レイはスローンが「混乱した山のような名前を分類、要約し、種の数をまとめて減らし、植物学者に大きな貢献をした」と述べて、その成果を賞賛した。[*8] 標本はどんどん増え、一七三六年七月にスウェーデンの植物学者カール・フォン・リンネ（一七〇七—七八）がブルームズベリーにスローンを訪問したとき、彼はスローン・コレクションを「まったくの無秩序」だったと書き残している。植物の識別について、スローンはジョン・レイの分類法に従った。一つひとつの標本の重要な特徴を念入りに記述し、それに基づく分類である。観察がどれほど正確であっても、このやり方では冗長な「語句の名前」、つまり多名式の命名になり、重複が頻繁に起きる。十八世紀半ば近くになると、これが園芸業界に大混乱を来たし、同じ植物が何度もちがう名前で顧客に売られる事態となった。チェルシー薬草園のフィリップ・ミラーと植木商のトマス・フェアチャイルドが一七二四年に設立した園芸家協会は、発行した『植物型録』の中で「ロンドン近辺の庭園にて販売用に繁殖栽培される外来および国産植物」の標準的命名法を提示しようと試みた。しかし、多数の挿絵が用意されたにもかかわらず、出版されたのは（一七三〇年に）一巻だけで、それもミラーとフェアチャイルドが求めた標準化は提供できなかった。この園芸家協会の取り組みは一七三二年に出たパンフレット『ニオイヒバ、別名ツリー・オブ・ライフの博物誌』で揶揄の対象にされている。

ツリー・オブ・ライフは水分の多い植物で、一本のまっすぐな幹から成っている。その天辺には雌しべもしくは穂先があり、時には堅果をつけてアメランキアに似るが、むしろアヴェラナ、すなわちハシバミの実に似ていることもある……大部分の国に産するが、一部の国では他よりよく育つ……心を晴れやかにさせ、気分を浮き立たせ、不快感、争い、不満を静め……この優秀にしてすばらしい植物を完全無欠な状態で見たいと望む人があるなら、ランベスにある前述B—n氏の庭園を訪問されたい。氏はこれをシルバー・スプーン・ツリーと称し、常日頃からこれを見せて友人の目を楽しませたいと願っている。

リンネは雌雄の特徴に基づく分類法を考え出した（これに触発されてチャールズ・ダーウィンの祖父エラズマス・ダーウィンは一七八九年に出版された詩「草木の恋」を書いた—14ページ参照）。さらに何より重要な点としてリンネは、二名法を案出し、一七五三年に『植物の種』で出版した。科学的な名前が識別名として価値を持つためには、明瞭で安定した階層構造が必要なことをリンネは理解していた。個々の植物に対してリンネが与えたのは、属名と、その後に「種小名」という大きな集まりの中でその種だけにつけられた名前という組み合わせだった。この体系が優れていることは、たとえばリンネ式の名前*Pinus pinaster*（カイガンショウ、英語では一般的にcluster pine、maritime pine、またはpinaster pineなどと呼ばれる）を一七三〇年の『植物型録』に記されているラテン語の名前*Pinus americana folius praelongis, subinde ternis; conis plurimus consertim nascentibus*と較べれば明らかだ（図7）。[*9] リンネの『植物の種』は、現代の国際植物命名規約（ＩＣＢＮ）でもその基礎となっている。この規約では個々の植物が、世界中で合意された特定の分類の中で一つだけ正しい名前を持つ。

[7] ヤコブ・ファン・ハイスム（1687/9-1740）の原画によるイライシャ・カーコール（1682頃-1742）の版画。カイガンショウ（左）とヨーロッパアカマツ（*Pinus sylvestris*）（右）。園芸家協会、『植物型録』の図版16。1730年。カラーメゾチント。37.9x25.3cm

樹木の栽培

樹木の周囲には複雑な神話が発生し、物理的な特性から発するロマンティックな魅力はあっても、だからといってその栽培や管理、ときには容赦ない利用といった実用的なアプローチが妨げられることはなかった。紀元前七〇〇〇年頃の考古学的な証拠によれば、ヨーロッパの一部では森の木を伐採してハシバミの成長を助けようとしている。ハシバミの実（ヘーゼルナッツ）は栄養価の高い食料だった（図8）[*10]。

樹木栽培について最古の文書はメソポタミア（現在のイラク）で出土した四〇〇〇年前の粘土板に書かれている。ここにお見せする粘土板（図9）は果樹園での栽培について、区域、果樹（ナツメヤシ、ザクロ、リンゴ）の数、そして担当者の名前を記している。アジアへ向かったアレクサンドロス大王の東方遠征はギリシアの、ついではその他ヨーロッパ各地の樹木栽培に変化をもたらした。新しい樹木が持ち込まれただけでなく、接ぎ木などの栽培技術も伝わったのだ（図10）。『植物の地理についての小論』（一八〇七）の中で、ドイツの偉大な植物学者で探検家のアレクサンダー・フォン・フンボルト（一七六九―一八五九）は、多くの果樹のヨーロッパ伝来には西アジアが重要なルートだったと敬意を表している。

［8］（左）ハシバミの殻。樹皮とともにオークの幹で作られた棺の中から発見された。ヨークシャー東部泥炭地のルーズハウにある青銅器時代初期（紀元前2150-1600）の塚から出土。

［9］（次ページ）果樹園の栽培記録が楔形文字で刻まれた粘土板。ウル第３王朝、紀元前 2100-2000 年。高さ 9.8cm

カスピ海の南と東、アムダリア川の岸辺、古代のコルキスやとりわけクルディスタン地方では……レモンの木、ザクロの木、サクランボの木、ナシの木、その他われわれが庭園に植える果物の木が地を覆っている。……ユーフラテス川とインダス川、カスピ海とペルシア湾の間に位置するこの肥沃な大地はヨーロッパに最も貴重な産物を与えた。ペルシアはクルミの木とモモの木をくれた。アルメニアはアンズの木を、小アジアはサクランボの木とクリの木を、シリアはイチジクの木、ナシの木、ザクロの木、オリーブの木、スモモの木、そしてクワの木をもたらした。カトーの時代、ローマ人はまだサクランボを知らなかった。モモもクワもしかり。ヘシオドスとホメロスは、オリーブの木がギリシアやエーゲ海の島々で栽培されていることをすでに書いている。タルクィニウス先王の時代、この木はまだイタリアにもスペインにもアフリカにも存在しなかった。アッピウス・クラウディウスが執政官だった頃、ローマにオリーブ油はほとんどなかった。しかし、プリニウスの時代になると、オリーブの木はすでにフランスやスペインにも広まっている。[*11]

DNA分析は、ここに挙げられた果樹の多くがフンボルトが思っていたよりも複雑な由来を持っていることを示している。たとえば、リンゴ、アンズ、モモは中国や中央アジア原産で、シルクロードとして知られる道路網沿いに西へ広まった。

古代ギリシア・ローマの古典は、実用書と詩歌のどちらも、十九世紀の大部分を通じて植物栽培の主要な情報源だった。マサチューセッツ州コンコードに近いウォールデン湖畔の森に一八四五年から一八四七年まで住んだアメリカ人作家ヘンリー・ソロー（一八一七—六二）は、「私を『耕して』くれる老カトー［大カトー］」の『農業論』（紀元前一八五頃）」にアドバイスを仰いだと述べている。*[12] 詩と農業が例のないほど緊密に絡み合ったのは、ローマの詩人ウェルギリウス（紀元前七〇—一九）の作品だろう。『農耕詩』（紀元前二九頃）は四巻におよぶ教訓的な詩で、高潔な人生をまっとうするには農業が不可欠だと賞賛した。その第二巻でウェルギリウスは、森林や特定の木にゆかりのある神々へ嘆願するくだりと、樹木の繁殖と栽培について、接ぎ木、移植、家畜の糞による施肥、剪定など（図10〜12）、現在も世界中でよく使われる手入れ法を詳しく描写するくだりとの間を往き来している。プリニウスの『博物誌』は八巻を樹木とそこから採れる薬品に捧げていて、栽培された木と森に自生した木を区別している。

[11] エドワード・バーン=ジョーンズ（1833-98)、「春の鍵」、『フラワー・ブック』より。1882-98年。水彩とグワッシュに金彩。直径16.9cm

樹液が上がるよう、人物が木の鍵を開けている。

[10]（右）ハンス・ヴァイディッツ（1500頃-1536頃)、接ぎ木をする皇帝。1522年。木版画。9.7x15.4cm

ペトラルカが1360年に書いた実践哲学の本で、「運命の書」とも言うべき『順逆両境への対処法』のドイツ語版*Von der Artzney bayder Glück*（両方の運命に対する薬）の挿絵。ヴァイディッツは皇帝マクシミリアン1世の時代にアウクスブルクで活躍した。

園芸と育樹は印刷術初期の書籍にもいち早く取り上げられた。英語による初の園芸専門書は一五八二年に現われ、続いて一五九二年にはジョン・マンウッドの森林法に関する論文、一六一八年にはウィリアム・ローソンの『新しい果樹園と菜園と田舎の主婦の庭』が出版される。ジョン・ジェラードの『本草書』(一五九七)、ジョン・パーキンソンの『日のあたる楽園』(一六二九)や『植物劇場』(一六四〇)にはすべて、ロンドンで栽培されている植物について豊富な情報が書かれていた。

ジョン・イーヴリンの『樹林誌または森林の樹木と国王陛下の領土における材木用植林に関する論説』(一六六四)は、一六六〇年に王政復古したチャールズ二世の元で設立された王立協会初の出版物で、海軍(一六六一年に王立海軍となる)のため緊急に木材を必要としていた国王に応えたものだった。森林破壊は人災であることがあまりに多く、その危険は有史時代を通じて常に不安の種だった。しかし、根っからの王党派だったイーヴリンはコモンウェルス時代(一六四九―六〇)の木材略奪にとりわけ批判的だ。

[13] ルートヴィヒ・プフレガー（1726-95）、**カラマツ**（*Larix decidua*、ヨーロッパカラマツ）**の花、幹、松かさ、種子の習作。元は1788年と記された画帳に含まれていた。 水彩。53.7x37.9cm**
「バーデン近辺に見られる針葉樹および落葉樹などあらゆる種類の樹木、その他灌木、低木、植物の自然のままの姿。バーデン辺境伯陸軍大尉ルートヴィヒ・プフレガーによるスケッチおよび彩色。1788年」と題された69枚のスケッチからなる画帳の１枚だった。

[12]（右）**フレッド・ウィリアムズ**（1927-82）、**枝打ち。1955-6年。エッチングとドライポイント。11.2x22.5cm**
1952年から1956年にオーストラリアへ帰国するまでの間にロンドンで制作された100点を超えるエッチングの１つ。

われわれの中にいるこの堕落した者たちは、（邪悪かつあるまじき強欲を満たすために）あの美しい森や林や木々を近年大きく損なっている。最近は船造りだけでなく、ガラス造り、鉄の精練なども増えて、そこからわれわれの材木が不当にも減少している。しかし、それよりも農地が分不相応に広がったことが何より大きい。誘惑された……らがもたらした大規模な破壊は、単に立ち木を切り緑樹を倒すだけでなく、徹底的に掘り返し、破壊し、消し去る。そのようなことが多くの麗しい森や林に行なわれている。こういう場所は分別を持っていたわれわれの先祖が、国を飾り、またその役に立つようにと残しておいてくれたものなのだ。[*13]

チャールズ二世が海軍充実のために必要とした木材は大変な量だった。大砲七四門を持つ並の軍艦の建造にはオークの大木が二千本必要とされる。一八六〇年に鉄製の蒸気船が導入されるまで、イギリス海軍はオークに依存し続けていた。

林学は十八世紀後半にドイツで生まれた。樹木の本数や森林の面積だけでなく、木材の質量もしくは容積に基づく新たな森林管理法が現われたのだ。林業者は木々の生長を予測し、伐採の時期を指図できるようになった。樹木の各部分（図13）を理解することがかつてなく重要となり、そこから木材図書館またはキシロテックと呼ばれるものが発達する。記録に残る最初の例は一七八五年にカッセル在住のカール・シルドバッハが所有していたもので、「居間のガラス戸棚に収められた三百冊ほどのコレクション……それぞれが書籍の形をした木製の小箱で、ヘッセン方伯領に生育する樹木の自然誌すべてと材木が入っていた」[*14]。一七八〇年代後半から一八一五年までに作られたキシロテックが、ミュンヘン、パッサウ、ランツフート、フライジング、グラーツに残っている。日本では実際の標本ではなく、この国にとって重要な樹木を木製の板に描くという変種が行なわれた。そういういわば「木材譜」の一つが一八三〇年頃ライデンのオランダ王立植物標本館にもたらされた。一八七八年に制作されたもう一つの木材譜はキュー植物園に収蔵されている。

イギリスの園芸学における進歩が一つの理由で、リンネは弟子のダニエル・ソランダーを一七六〇年にイングランドに派遣した。当時、園芸学の第一人者だったのは一七二二年から一七七一年までチェルシー薬草園の主任園芸技師を務めたフィリップ・ミラーで、一七三一年に出版され、たいへん影響力の大きかった『園芸事典』の著者である。この事典はサー・ハンス・スローンに献呈されている。スローンは一七一二年にチェルシー荘園を買い取り、その翌年に薬草園の自由保有権を一六七三年以来賃借していた薬剤師協会に与えたのだった。当初、ミラーはリンネの二名法に抵抗したが、一七六八年の第八版に至って二名法を採用する。ロンドンとその近郊には園芸業者があふれ、エキゾチックな外国の植物を競い合う裕福な顧客の求めに応じていた。ミドルセックスのミルヒルにソランダーも訪れた地所を持っていたピーター・コリンソンは、バーンズの町で小規模に園芸業を兼ねていた肉屋にレバノン杉の苗一千本を発注することができた。一七六五年に北アメリカ担当の王室植物学者に任ぜられたフィラデルフィアのジョン・バートラムは、コリンソンと緊密に協力して、十八世紀半ばの三〇年間にわたって六〇人の会員に種子や挿し木用の枝の入った箱を届けていた。彼らのおかげで多くの大庭園がアメリカの樹木を導入し、地元の木にはない彩りを加えて姿を変えていった。しかし、樹木の理解と栽培のみならず自然界のあらゆる面について最も深い影響を残したのは、チャールズ・ダーウィンの研究を筆頭とする十九世紀の進歩だった。

失われた世界と発見された世界

十九世紀半ばになると、地質学、古生物学、そして植物学の研究によって、地球とその植生や生物の時間軸がどんどん長くなっていった。これはアーマーの大司教ジェイムズ・アッシャー（一五八一―一六五六）が計算した、天地創造が紀元前四〇〇四年十月二三日の前夜に行なわれたとする年表への決定的な異議申し立てである。この地球史はノアの大洪水を紀元前二三四九―八年に起きたとすることが中心となっていて、洪水前時代とそれ以後、ノアの箱舟で生き延びた人々や動物とその子孫が住む世界の間に大変動による断絶があったとする。チャールズ・ダーウィンをはじめ、その師や同輩たちの研究の背景にはこのような宗教的信条があった。その中でも筆頭格が地質学者チャールズ・ライエル（一七九七―一八七五）、そして一八六五年に父ウィリアムからキュー植物園の園長を引き継いだ植物学者ジョゼフ・フッカー（一八一七―一九一一）である。ダーウィンは一八三一―六年のビーグル号で南アメリカへ向かう航海の最中、ライエルの『地質学原理』（一八三〇―三三）を読んでいた。このときの旅行が、種の「突然変異」に関する彼の研究の土台を作り、後に一八五九年の『自然選択の方途による種の起原』として結実する。ビーグル号を指揮したイギリス海軍のロバート・フィッツロイ大佐は、ダーウィンらの科学的な見解と聖書の物語が示す「真」の意味に折り合いをつけようとした人物だが、彼が一八三九年に出版した航海記は「大洪水に関する所見は非常に少なかった」と締めくくられている。

植物学の視座を決定的に拡大したのは一七七〇年以後、キャプテン・クックらの航海によって明らかになったオーストラリアの独特な動植物である。アレクサンダー・フォン・フンボルトとエメ・ボンプランが一七九九―一八〇四年に行なったアメリカ大陸探検では八千種の植物が記録されたが、その半数が新種だった。彼らの話は若きチャールズ・ダーウィンの想像力をかき立てる。さらに、『麗しきブラジル旅行』（一八二七―三五）を著わしたモーリッツ・ルゲンダスのリトグラフ（図14）に描かれた、草木が茂る熱帯の風景もダーウィンを刺激した。ケンブリッジでダーウィンのチューターだった植物学者ジョン・スティーヴンズ・ヘンズローはこの版画の一枚を所蔵している。そのヘンズローに宛てて、ダーウィンは一八三二年にこう書き送った。「初めて雄大にして崇高な熱帯林を目にいたしました――その光景のすばらしさ、壮大さは現実以外の何をもってしても分かるものではありません……お持ちの版画にも偽りはまったくありませんが、その華麗さを過小評価こそすれ、誇張してはおりません――これほど強烈な喜びは体験したことがありません。」*15

大衆は――地理的にも年代的にも――新奇な眺めに夢中になり、さらにジュール・ヴェルヌ（一八二八―一九〇四）のようなサイエンス・フィクション作家がそれをあおる。『地底旅行』（パリで一八六四年に出版、英語版は一八七一年）の中でヴェルヌは次のように書いている。

それから二キロメートル近く歩いたところで、私たちは森の入り口に着いた。（中略）第三紀の植物群からなる巨大な森だ。大きな椰子――それも現代では絶滅してしまった椰子の大木を中心に、松やイチイ、糸杉、ヒバなどの針葉樹が混じって、その木々の間にツタが絡まっている。（中略）それからさらに歩いていくと、私たちの目の前には地上では決して目にすることのできない光景が現われた。椰子の木の近くに楢《なら》の木が生え、ノルウェーで見られる樅《もみ》の木にオーストラリアで見られるユーカリが寄りそっている。また、北欧の樺《かば》の木とニュージーランドのカウリが混生している。これを見たら、地上の植物学者はたちまち説明に困って、どんな優れた人でも頭がおかしくなってしまうだろう。

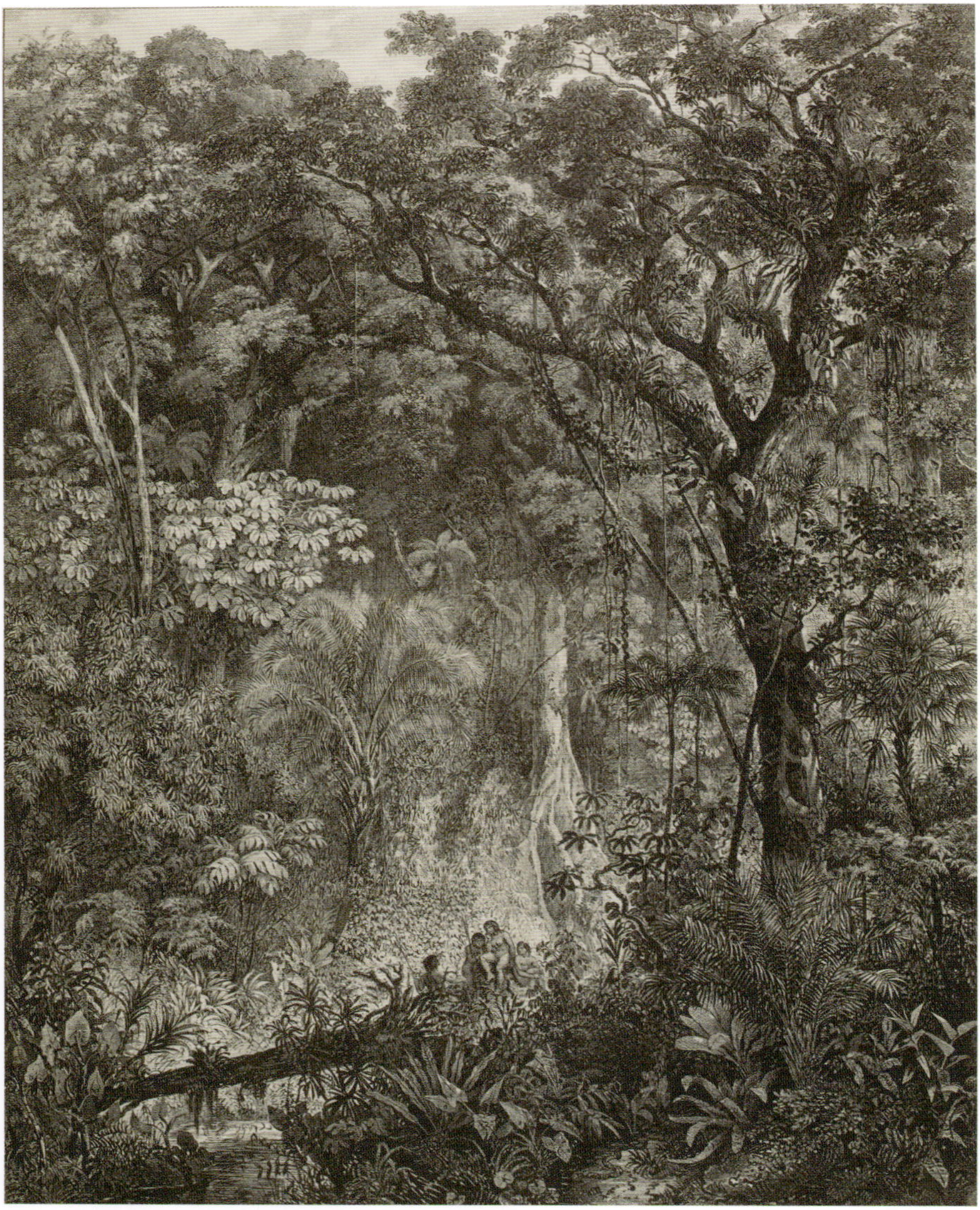

［14］モーリッツ・ルゲンダス（1802-58)、ブラジルの森。リトグラフ。62x50cm

と、その時、私ははっと足を止めて、叔父の袖をつかんだ。

光があらゆる方向から差してくるので、森のなかは明るく、奥のほうまでよく見えるのだが、そこに私は……奥のほうの木々の下に、なんだか大きなものが動くのを見たような気がしたのだ。いや、気がしたのではない。はっきりと見たのだ！

私は自分の目が信じられなかった。それはなんと、マストドンの群れだった！　しかも、化石になっているのではなく、生きているマストドンだ。一八〇一年にアメリカのオハイオの沼地でマストドンの骨が発見されたが、その骨から復元された骨格標本に肉をつけたら、まさにこのようなものであったろう。（中略）

以前、私が見た白昼夢が現実となったのだ。第三紀と第四紀の動物たちを見た夢が……。この地下の世界で……。だが、これは確かに現実だった。しかも、ここには私たちしかいない。私たちはこの巨大な動物に襲われる危険があった！[*16]

ヴェルヌの登場人物は大洪水前時代を一目見るために地下の世界に降りて行かなくてはならなかったが、一八五四年以降、南ロンドンのシデナムにあった水晶宮を訪れる観光客は周囲の公園をそぞろ歩くだけで同じような景色を眺めることができた。「地質学の散歩道」では湖に浮かぶ島々に置かれた（現在も残っている）実物大の「絶滅した動物」の彫刻が見られる。島には地層が露わな人工の崖や、太古の風景（図15）を彷彿とさせる「植栽」があった。ベンジャミン・ウォーターハウス・ワトキンズ（一八〇七—九四）による彫刻は、当時古生物学の第一人者だったリチャード・オーウェン（一八〇四—九二）による監修を受けた模型を拡大して作られていたが、このオーウェンはこの後ほどなく大英博物館の自然史コレクショ

[15] ジョージ・バクスター(1804-67)、『水晶宮と庭園』。1854年。彩色木版画。11.2x15.9cm

ン担当最高責任者となり、サウスケンジントンに自然史博物館を誕生させる原動力となった人物である。「絶滅した動物」用に造園された風景には本物のチリマツ（*Araucaria araucana*）が植えられ、石造りのソテツ（太い木質の幹の最上部に常緑の硬い葉が冠状に生える植物）が置かれていた。*17

世界中の熱帯・亜熱帯地方に生えるソテツは、ごく最近まで恐竜の時代から存在していたと思われていた。水晶宮ではそのように展示されている。ところが、これは事実ではない。現在見られるソテツはわずか一〇〇〇万年から一二〇〇万年かけて進化してきたもの（恐竜は二億三〇〇〇年前）なのだが、ヴィクトリア朝時代の人々は「生きた化石」という言葉に魅了されたのだった。ユニテリアン派の牧師で引退後に科学の研究に没頭したジェイムズ・イェイツ（一七八九―一八七一）は、ヨークシャーで見つかるウーライトに残るソテツの化石の地質学的研究に役立てるため、ロンドン北部、ハイゲートのローダーデール・ハウス内の温室に当時最大の生きたソテツのコレクションを持っていて、ソテツの枝葉や実の乾燥標本を大英博物館の植物部門（当時）に寄贈している。チリとアルゼンチン原産のチリマツ（*Araucaria araucana*）は別の科に属し、約二億四五〇〇万年前の化石に見られる先祖につながる植物だ。イギリスには一七九五年、アーチボルド・メンジーズによって紹介された。メンジーズは海軍の軍医で植物コレクターでもあり、一七九一―五年にジョージ・ヴァンクーヴァー艦長の世界一周航海に同行していた。そのメンジーズがサー・ジョゼフ・バンクスに贈呈した種子から苗木がキュー植物園で栽培されたのである。

ヴィクトリア朝時代の人々は、わざわざ遠くまで出かけなくともヴェルヌが地底に描いたような光景を経験することができた。雄大かつ壮麗に茂る植物は、個人の大邸宅、植物園、ウィンター・ガーデン、国際博覧会などの呼び物として流行した大温室で目にすることができる。そうしたものの嚆矢はジョゼフ・パクストンがダービーシャーにあるデヴォンシャー公爵領の中心地、チャッツワースに建てたグレート・

コンサーヴァトリー（一八三七）だ。デシマス・バートンがキュー植物園に造ったパーム・ハウスが一八四八年に続き、その後一八六三年にはやはりキュー植物園内にテンペレート・ハウスが一部完成した（全体の完成は一八九八年）。アメリカで最大の例は一九〇六年から翌年にかけてシカゴに建築されたガーフィールド・パーク・コンサーヴァトリーで、いくつもの風景をまるごと収めていた。しかし何といってもこうした建築物でいちばん有名なのは、一八五一年の万国博覧会のためハイドパークにパクストンによって建てられ、一八五四年にシデナムに移築された水晶宮だろう。『挿絵入り水晶宮ガゼット』は、フロリダ、ジャワ、インド、タヒチ、南アメリカ、オーストラリアからシデナムに運ばれた植物が成長した暁にはバビロンの空中庭園やギリシア神話に出てくるヘスペリデスの園に匹敵するとうたっていた。ニネヴェから持ってきたドングリを蒔いて小さなオークまで育てられている。当時、ルーヴル美術館や大英博物館が新たに入手したアッシリアのレリーフや彫刻に想を得た「ニネヴェの庭」は人気のあるアトラクションだったが、水晶宮内の多くの植物とともに一八六六年に火災で壊滅的被害を受けてしまった。[*18]

外国から持ち込まれたエキゾチックな植物や、それらが垣間見せてくれた大洪水前時代の光景とともに、もっと足下に近い炭鉱や採石場からは絶えず植物の化石が出土していた。ここから樹木発生の舞台が石炭紀（約三億六〇〇〇万年前）だと認められるようになる。やはり人気のあったサイエンスライター、ルイ・フィギエ（一八一九―九四）は一八六五年に出した『大洪水前の世界』に「化石の研究から、科学は動物を生き返らせただけではない。彼らが存在した劇場も再建したのである」[*19]と書いている。さらにフィギエはこう続ける。

サー・チャールズ・ライエルによると、サウススタッフォードシャーのパークフィールド炭鉱で一八五

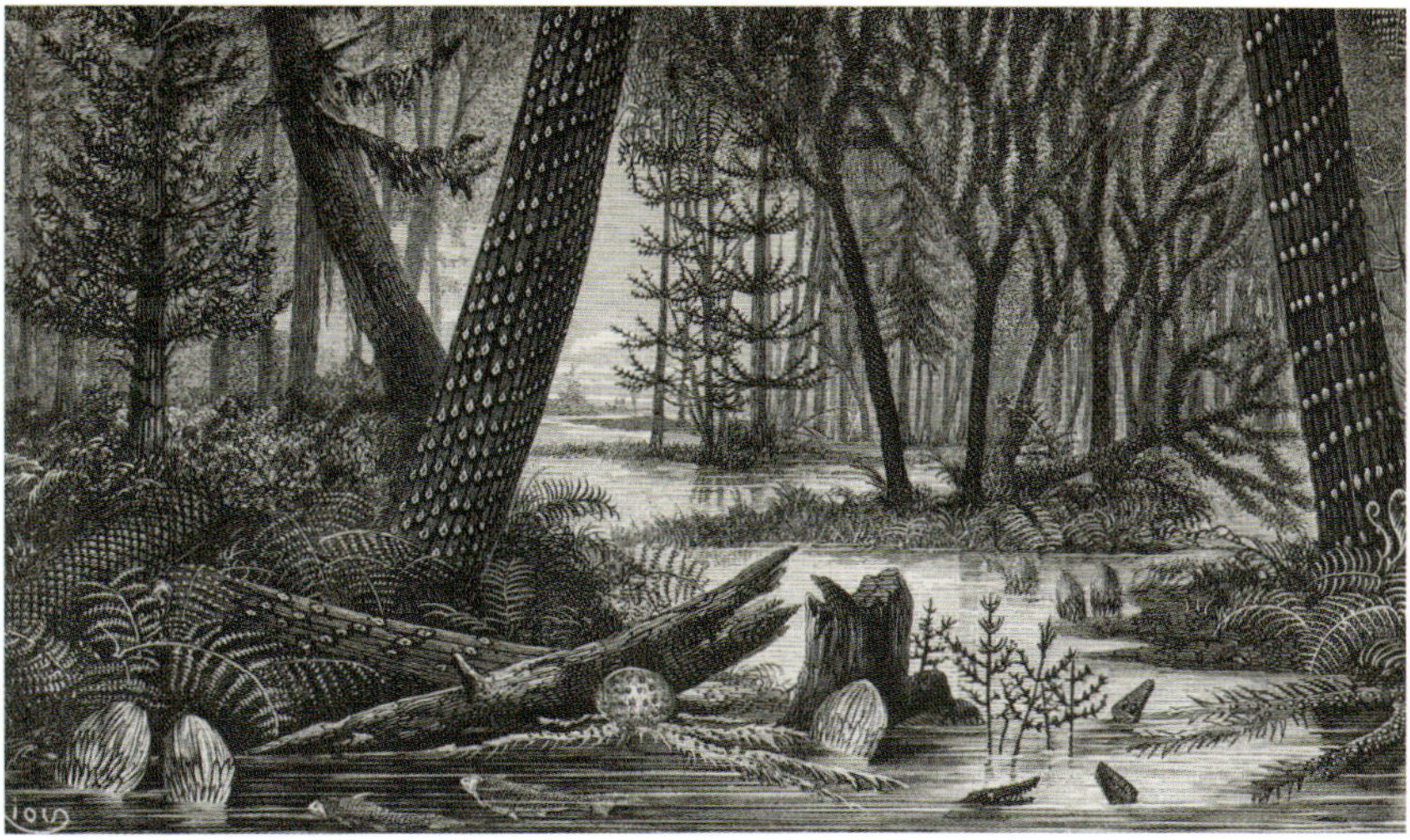

[16]「石炭紀湿地林の想像図」。エティエンヌ・ムニエの原画によるエドゥアール・リウーの木版画。ルイ・フィギエ『大洪水前の世界』、ロンドン、1865年、139ページ、図版XI （大英図書館、ロンドン）

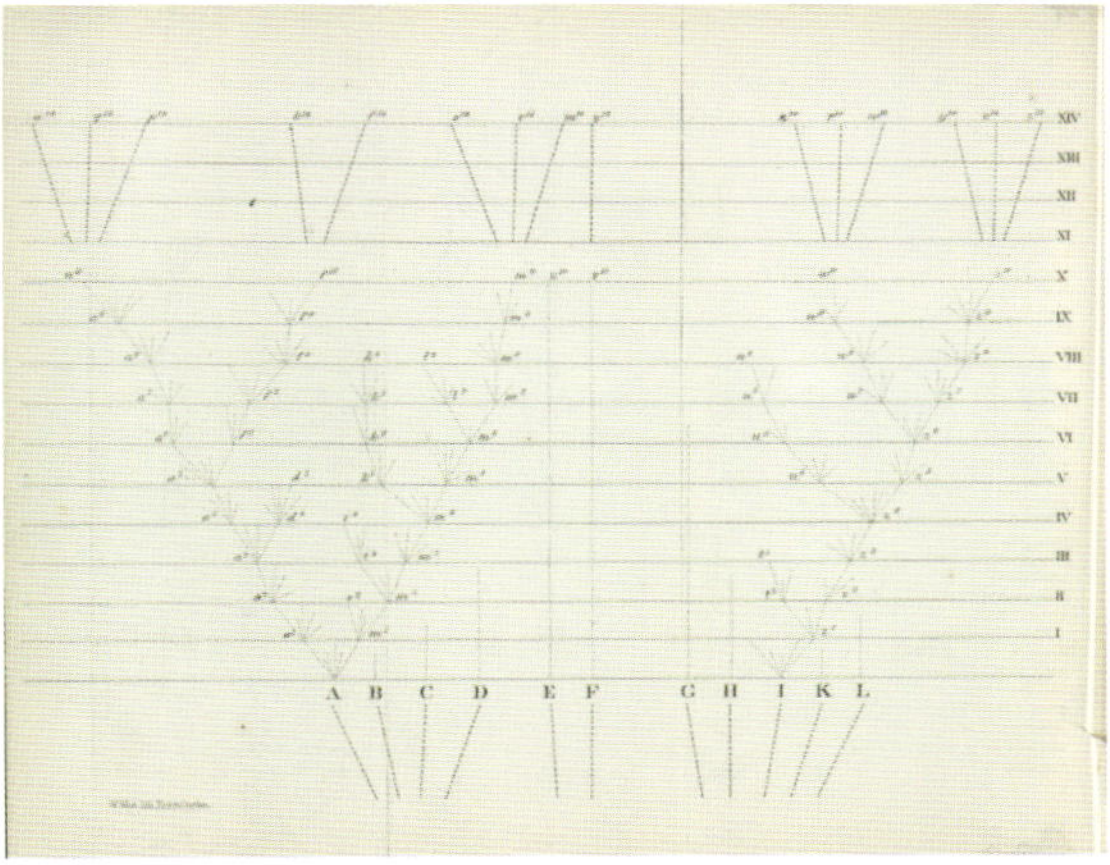

[17] チャールズ・ダーウィンによる分枝図、『自然選択の方途による種の起原』ロンドン、1859年、160-61ページ（大英図書館、ロンドン）

８ページにわたる詳細な解説がついたこの図は、多様な種がいかに共通の祖先から分かれたことをたどれるかという、ダーウィンの進化論を上手く伝えるのに決定的な役割を果たした。

四年に発見された化石は、数百ヤードの表面に根のついた七三本以上の幹を持つ炭層があり、中には周囲八フィートを超えるものもあった。その根は厚さ八〇フィート以上の炭層の一部をなし、厚さ二インチの粘土層に載っている。その下にはもう一つの森が二フィートから五フィートの炭層に重なり、その下には *Lepidodendron*、*Calamite*、その他樹木の太い幹が鬱蒼と茂る森があった。[*20]（図16参照）

リンボク（*Lepidodendron*）は、ヒカゲノカズラ植物門の今は絶滅した科に属し、二億七〇〇〇万年前の二畳紀までいろいろな森林樹を産み出した。大きいものは四五メートルにも達し、ロンドンの自然史博物館の前には約三億三〇〇〇万年前の化石化した幹の一部が展示されている。一八五四年にエディンバラのクレイグリース採石場から出土したものだ。これはグラスゴーのヴィクトリア・パークを建設中の一八八七年に発見されたフォッシル・グローヴと同時代にあたる。フォッシル・グローヴには一一本の切り株が残り、現地に残る石炭紀の森林としては最もよく保存されている場所の一つである。[*21]

自然史の研究全体に革命を起こしたのは概念の樹だった。最初、一八三七年に大まかなスケッチとして描かれ、その後拡張された図が一八五九年に『自然選択の方途による種の起原』唯一の挿絵（図17）となって、共通の祖先から自然選択を通して多様化した種を表現した。「同じ綱《こう》の全生物の類似性は、大きな木で表わされる。私はこの表現がかなりの真実を物語っていると信じている。[*22]」これは生物学にお馴染みのモチーフとなり、時には文字どおり樹木として描かれる（図18）が、系統的な適用条件に合わせて絶えずその姿を変えている。

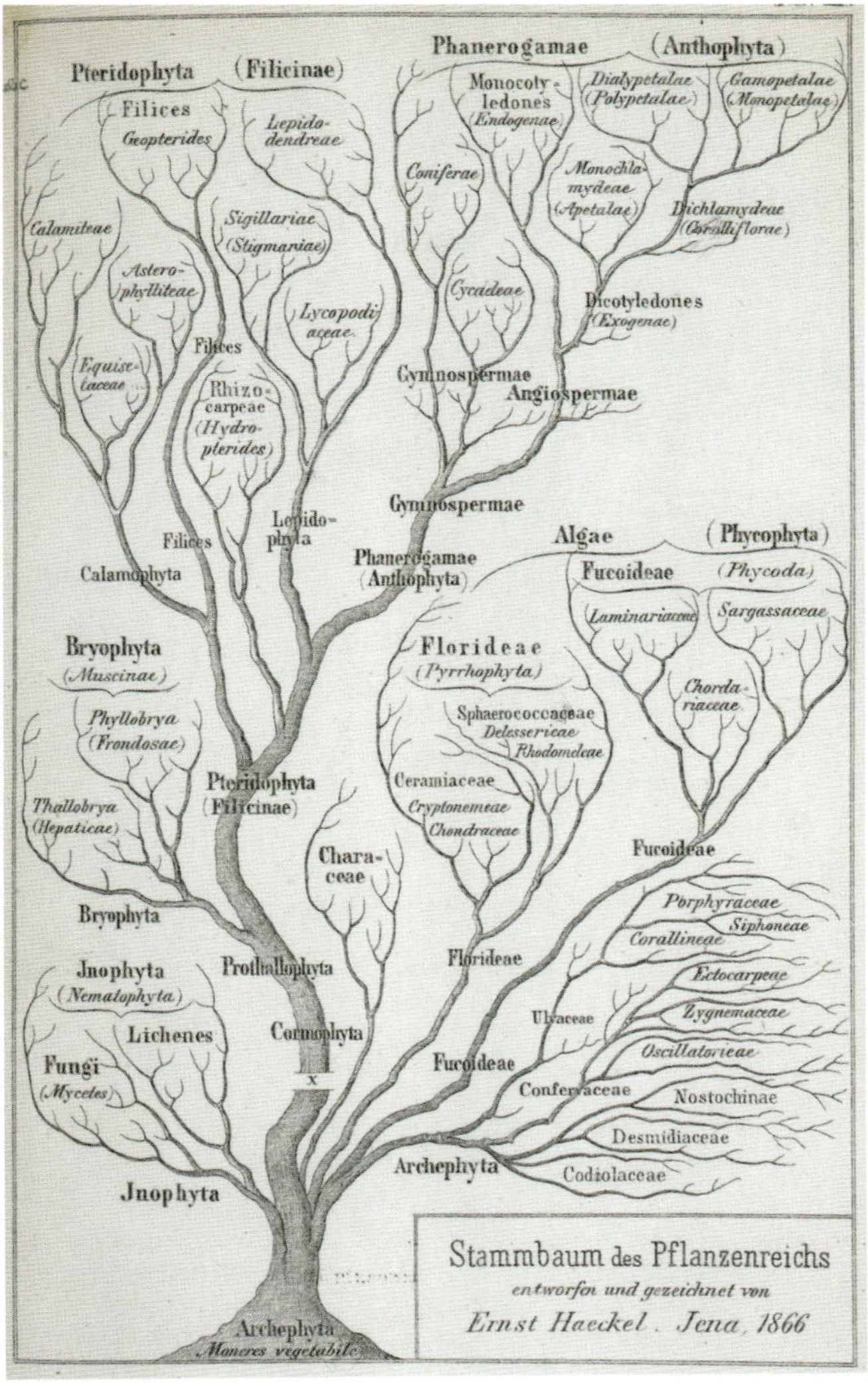

[18] エルンスト・ヘッケルによる「植物界の系統樹」。『有機体の一般形態学—生物形態学大綱』、ベルリン、1866年。図47（大英図書館、ロンドン）
ドイツのダーウィンと言われることもあるヘッケル（1834-1919）は、さまざまな生物について、数百の系統樹を描いた。

Eter nal Re demption
Perſeve rance
Death
Buffeting
Stripes
Impriſonment
Good Will
Reproach
Promiſ es
Righte ouſneſs
Shame
Sancti fication
Obedience
Security
Poverty
Peace
Refuge
Election
Temptation
Pardon
Ever laſting Love
Baptiſm
Circumciſion
Omnipotent
Glorious
Gracious
Holy
Pride of Life
Knock and it ſhall be opened
Behold the Lamb
Believe on the Lord Jeſus Chriſt
The end of theſe things is Death
What ſhall I do to be ſaved
Save Lord or I periſh
Uſury
The Broad Way
Babylon Mother of Harlots
Extortion

第1部

【第2章】
神話と象徴

チャールズ・ダーウィンによって確立された「進化」という概念は、ほどなく人類の知能や文化の発達に当てはめられた。動物や、景色の中で目立つものに魂が宿ると信じるアニミズムは、「宗教」と呼べるような複雑で知的な枠組みへの第一歩と解釈され、一方で民話やおとぎ話は「原始的な心」を窺わせるものとして評価される。

樹木の象徴的意味は二人の作家の作品の中で特に大きな意味を持っている。両方ともスコットランド人で、一人目はそれぞれに色の名がついた数々の童話集が二十世紀の児童文学に欠かせないものとなったアンドリュー・ラング（一八四四—一九一二）、二人目は代表作『金枝篇』（一八九〇）で神話と宗教と儀式を幅広く比較探究した人類学者のサー・ジェイムズ・フレーザー（一八五四—一九四一）だ。『金枝篇』の題名と扉絵は、ウェルギリウスの『アエネーイス』に想を得た（8ページ参照）、J・M・W・ターナーの絵画（一八三四、テート・ギャラリー）によっている。ウェルギリウスによるローマ建国物語を出発点として、フレーザーの第一章「森の王」は、人間が自然界と超自然界の折り合いをつけようとする際の典型だった。『金枝篇』の影響は広範におよび、C・G・ユングによる人間心理の元型論、W・B・イェーツやD・H・ローレンスの詩と散文、ルーマニア人哲学者で比較宗教学の権威ミルチャ・エリアーデの作品などに見てとれる。まもなくクノッソスでミノア文明の宮殿を発掘することになるサー・アーサー・エヴァンズの論文『ミケーネ文明の樹木および立柱崇拝と地中海との関連』（一九〇一）に豊富な情報を提供した。

フレーザーの著書が変化を重ねていったことや、彼が時間、場所、文化の相違を消去したことは長年疑問視されてきた。ただ、一貫して否定できないのは、樹木がアナロジーによって考えを形にする手っ取り早い手段を提供することだ。

人類はただ物質的にのみ森を乱用してきたわけではない。根源的な語源、記号、アナロジー、思考の構造、出自を示す紋章、連続性の概念、体系の観念などを作り上げるために森の樹木を容赦なく使ってきた。家系図から知識の木まで、生命の樹から記念樹まで、森林は人類の文化的進化にかけがえのない記号の源泉を提供してきた。[*1]

このリストにはあと、美徳と悪徳の木、愚行の木、憲法の木、自由の木、愛の木、平和の木、その他にも数多くの木々を加えることができる。いくつかはこの本の中で触れることになるが、いちばん大きな意味を持つメタファーは「生命の樹」だろう。この呼び名は聖書の中で特定の意味を持っているが、それとは別に多くの信仰や文化にわたって幅広くいろいろな木に当てられている。ときにはヨーロッパの基本的な概念として非ヨーロッパ文化の中にある樹木の図像に当てはめられ、また対象の木が文字どおり生命に必要なものを与えてくれる、または長寿を象徴する、世界観に組み込まれている、といった場合にそう呼ばれる。「樹木は際限なく再生する宇宙を表わす。しかしまた、宇宙の中心には必ず木がある――永遠の生命の樹または知恵の木だ。[*2]」

特に大切にされる木または神聖とされる木が特定の種であることもある。たとえば、古代メソポタミアのナツメヤシ（*Phoenix dactylifera*）、そして異なる文化や信仰が重視したさまざまなイチジクの仲間には、古代エジプトのエジプトイチジク（*Ficus sycomorus*）、ヒンドゥー教徒が敬うベンガルボダイジュ（*Ficus benghalensis*）、釈迦の悟りの木インドボダイジュ（*Ficus religiosa*）がある。逆にどの種ともいえない様式化されたモチーフの場合もある。シリアで出土した紀元前一七〇〇年頃の円筒印章には聖樹の古い描写が見られる。[*3] この種のモチーフで最も印象的な例は、アッシリアのアッシュールナツィルパル二世（在位紀元前八八三—八五九）治世時代のものだろう。この王がニムルド（現在のイラク）に建てた宮殿には「レバノンスギ、イトスギ、ネズ、ツゲ、クワ、ピスタチオ、タマリスクでできた広間」があった。[*4] 玉座の間にあった見事な石膏のレリーフ——十九世紀半ばに大英博物館に収蔵——には、豊かで肥沃な土地を象徴するとされる「聖樹」が見える。その中でいちばん豪華なもの（図19）では、木の両側に王が描かれ、その木の頂上にはエジプトの表現形式を借りた翼のある日輪から神が立ち上がっている。外側に立つ翼を持つ人物二人は守護神で、手に持った松かさと小さな手桶からすると、浄めまたは豊作の儀式を行なっているらしい。他のパネルではこの翼のある人物は鷲の頭を持っている。アッシリアの典型的な守護霊の表現だ。

　世界軸、つまり世界の中心を示す宇宙樹——天と地と冥界を枝と幹と根によって結びつけている——は、南北両半球のいくつかの信仰体系で重要な意味を与えられている。十三世紀に初めて編纂されたノルウェーのサガには、ユグドラシルという名のセイヨウトネリコ（*Fraxinus excelsior*）として現われる（164ページ参照）。スカンディナヴィア

北部とロシア北西部に住むサミ人は、宇宙を世界樹によってつながる三つの層から構成されるもので、シャーマンは霊魂の旅でこの木を登ると考えていた（図20）。一五一九年のスペイン征服前に中米にいたメシーカ（アステカ）族にとっても、これは重要なモチーフだった。大英博物館にあるトルコ石のモザイクの楯は、メシーカ的宇宙の主な区切りを表現しており、地の女神トラテクートリの口から図式化された木の幹、つまり「世界の軸」が生えている（図21）。中央で水平に分かれる二本の大きな枝の先端には花が咲いている。尾に羽根が生えた蛇が絡みついて幹を上っていて、頂上には水滴形の枠の中に横たわる人物が見える。蛇は宇宙の層をつなぐ媒介者の役目を果たす。枠の中の人物は、木から生まれるようにして王朝が興るという、メソアメリカで広く信じられている言い伝えを表わしている可能性がある。[*5]

[20] シャーマンの太鼓。木製の輪にトナカイの革を張り、表面に模様が描いてある。ヨーロッパの北極圏と亜北極圏に住むサミ人の製作。1500-1700年。39x33.5cm
太鼓はシャーマンが霊界と通信するために必要な恍惚状態を誘発する助けになったと思われる。この太鼓はサー・ハンス・スローンが所有していたもので、大英博物館創設コレクションに含まれていた。

[19]（前ページ） ニムルドのアッシュールナツィルパル２世の北西宮殿玉座の間にあった石膏のレリーフ板。紀元前865-860年。195x432.8cm

[21]（右）トルコ石モザイクの楯または円盤。松材、樹脂の接着剤にトルコ石と3種類の貝殻を使ったモザイク。ミシュテカ、1325-1521年頃。直径31.6cm

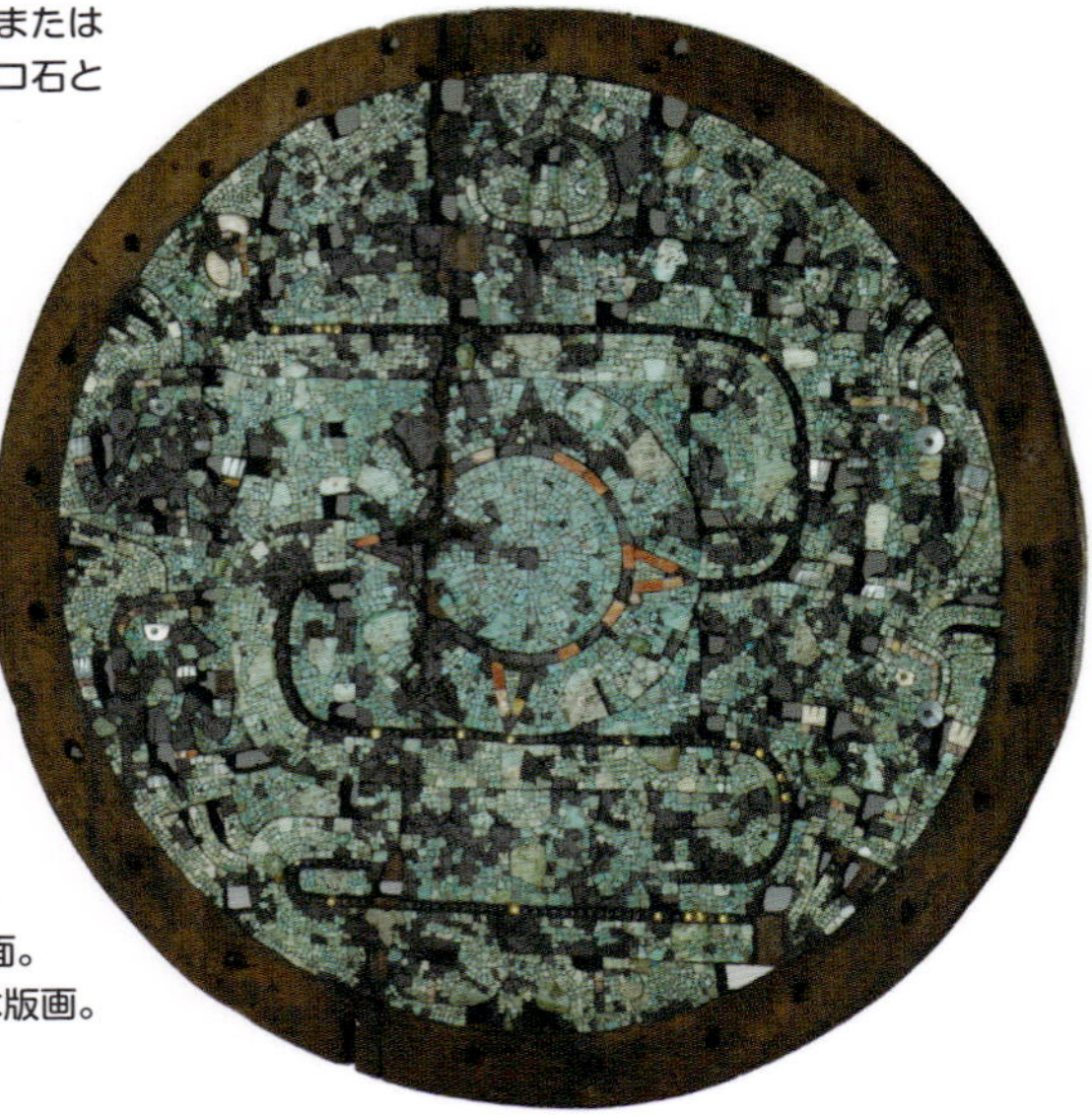

[22]（左）人参果の木を植え直す三蔵法師たち。『西遊記』の一場面。中国、明時代、17世紀多色刷り木版画。24.5x27.5cm（画像部分）

中国では、実に奇妙な「生命の樹」が明時代の小説『西遊記』に登場する。一五九〇年代に呉《ご》承恩《しょうおん》によって書かれたこの物語は、七世紀に玄《げん》奘《じょう》（唐の三蔵法師）という僧が、巡礼のためもしくは経典をインドから中国へ持ち帰るために出かけた旅に基づいているのだが、あるとき玄奘と孫悟空（猿）、猪八戒（豚）、沙悟浄（川の妖怪）がやってきたのは……

……万寿山という場所だ。山中には五荘観という道観（道教の寺院）があり、道号を鎮元子あだ名を与世同君という、えらい仙人が住んでいた。ところで、この道観では、世にも珍しい宝がとれる。それは、混沌はじめて分かれ、鴻濛はじめて判かれ、天地いまだ開かれざるときに生まれた、霊性を帯びたふしぎな植物。天下の四大部洲のなかでも、西牛貨洲のここ五壮観のみに産するというもの。その名を「草還丹」、またの名を「人参果」と言う。これは三千年に

一回だけ花が咲き、三千年に一回だけ実をつけ、その実は三千年たって、やっと熟すというのだから、ほぼ一万年たってはじめて食べられるわけなのだが、その一万年のあいだに、たったの三十個だけ実をつけるという、とんでもない果物だった。実の形は、生まれて三日もたたない赤ん坊そっくりで、手足もちゃんとあり、五官もそろっている。もし縁あって、この果物のにおいを少しでも嗅ぐことができれば、その人は三百六十歳まで生きられる。また、もし一個まるまる食べたなら、四万七千年も生きられるのだ。[*6]

特別な客人として玄奘は人参果をふたつ差し出されるが、彼は「赤ん坊」が仙樹の実だと理解できず、人肉を勧められていると思って震え上がる。トラブルメーカーの悟空が猪八戒にあおられて、残った果実を盗み、木を引っこ抜き、狼藉をはたらいた挙げ句の果てに、すべてを元通りにしなければならなくなる。その方策を提供してくれるのは、慈悲深い観音菩薩で、その様子が十七世紀の木版画に描かれている（図22）。

観音は楊柳の枝を浄瓶の甘露にひたしてから、その枝で悟空の手のひらに、起死回生の呪《まじな》いの絵文字を描いた。そしてその手を木の根もとに置き、水が出てくるのを見ているように、と命じる。悟空がげんこつをにぎりしめ、それを木の根っこにむけて押しつけると、ほどなく清らな湧き水が出てきた。この水は五行を含む器を忌むものなので、玉のひしゃくで汲まなければならない。木を起こしてやり、上からその水を注ぐのだ。そうすると自然に根もつくし、幹の皮もつき、葉が伸び、芽も出て、枝が青くなり、果実も生る。悟空と八戒と悟浄は、木をかつぎ起こして、まっすぐに立て、根もとに土をかぶせた。甘泉を汲んだ玉器は、ひとつずつ観音に捧げられ、観音はその水を、楊柳の枝ですこしずつ木にふりかけながら呪文をとなえた。*7

ジャワ（インドネシア）の影絵人形劇ワヤンは、物質界と精神界を木がつないでいるという宇宙観をインドからとりいれている。ヒンドゥーの二大叙事詩『マハーバーラタ』と『ラーマーヤナ』を多く題材としている芝居の初めと終わりには必ず、山と木の形で宇宙を表わすグヌンガンが映される。ここにお見せする例（図23）は十九世紀初頭、一八一一年から一八一六年までつかの間イギリスがジャワを支配した時期に副総督を務めたサー・スタンフォード・ラッフルズによって収集された。木の幹には霊界への扉があって、シャーマンまたはヒーラーのような役目を果たす人形遣い（ダラン）がそこから旅立つことができるようになっている。

[23] 宇宙を表わす山、グヌンガン。彩色した皮革製の影絵小道具。ジャワ。19世紀初め。長さ99cm

[24] 生命の樹のモチーフが刺繍された木綿の婦人下着。
トルコ。19世紀末または20世紀初め。長さ81cm

アナトリアとバルカン諸国全域では、「生命の樹」が長寿と復活に結びつけられている。衣服に刺繍され（図24）、壁掛けにも敷物にもあしらわれて、中でもイスラム教の礼拝用敷物では天国の楽園を思い起こすことが意図されている。クルアーン（コーラン）に出てくる天国の楽園の果樹は神聖な至福を表わしているのだが、最も重要な木は「最果ての境界にあるロートスの木」（スィドラ・アル=ムンタハー）で、これは預言者ムハンマドがメッカからエルサレム、そして天国を巡った夜の旅に登場している。アッラーへ向かう魂の旅では、だれもこの木を越えることができないのだ。これが植物学的にどの木なのか、いろいろと議論はあるのだが、クルアーンで使われているスィドラというアラビア語の名前は、中東のイスラム教徒やキリスト教徒に尊ばれる*Ziziphus spina-christi*（キリストノイバラ、282ページ参照）を指している。

キリスト教の伝統における生命の樹

第一次世界大戦の開戦前夜、精神科医のカール・ユングは繰り返し同じような夢を見た。これらの夢は、後に集団的無意識の中にあるイメージとして元型という概念を精神分析理論に発展させる突破口となる。それはこの世の終わりのような破壊と荒廃の情景だったが、最後に救いがある夢だった。

葉をつけた木が立っていた。だが、実は生《な》っていない（これは私の生命の樹だと思った）。その葉は霜に当たったために、癒しの果汁がいっぱいのブドウに変わっていた。わたしはブドウをもいで、待っているおおぜいの人々に渡した。[*8]

ユングが夢に見た「生命の樹」のメタファーの背後にあるキリスト教の伝承は、旧約聖書――創世記に記された恩寵の喪失――に根ざしていて、新約聖書の最後にあるヨハネの黙示録で救いのまぼろしに再登場する。すべてが始まった場所であるエデンの園は、言い伝えによるとシュメールの地、ティグリス川とユーフラテス川の間、現在の地名ではイラクのバスラに近い場所にあった（「エデン」はシュメール語で「大草原」を意味する）。

主なる神は、東の方のエデンに園を設け……見るからに好ましく、食べるに良いものをもたらすあらゆる木を地に生えいでさせ、また園の中央には、命の木と善悪の知識の木を生えいでさせられた。……主

[25] J・ベイクウェル（1770年代に活躍）の原画による『生まれながらの人の絵解き』。版元ボウルズ・アンド・カーヴァー、ロンドン、1970年代。手彩色の銅版画。35.1x24.5cm

なる神は人を連れて来て、エデンの園に住まわせ、人がそこを耕し、守るようにされた。主なる神は人に命じて言われた。「園のすべての木から取って食べなさい。ただし、善悪の知識の木からは、決して食べてはならない。食べると必ず死んでしまう。[9]」

天使はまた、神と子羊の玉座から流れ出て、水晶のように輝く命の水の川をわたしに見せた。川は、都の大通りの中央を流れ、その両岸には命の木があって、年に十二回実を結び、毎月実をみのらせる。そして、その木の葉は諸国の民の病を治す。[10]

宗教や道徳の教えはかつて象徴や絵解きで伝えられていた。視覚的な類推によって理解させるのだが、たいていは文字による説明が加えられている。十八世紀末の二枚組版画『生まれながらの人の絵解き』（図

[26] J・ベイクウェル（1770年代に活躍）の原画による『キリスト教徒の絵解き』。版元ボウルズ・アンド・カーヴァー、ロンドン、1970年代。手彩色の銅版画。35x24.6cm

25）と『キリスト教徒の絵解き』（図26）は、見る人が次のように「読む」ことを意図していた。「生まれながらの人」とは、救いを顧みずに物質的な欲望を追求する人で、その木は不信心に根ざし、悪魔と死が世話をしており、その結果曲がりくねって、葉も茂らない。エバを誘惑した蛇を枝に休ませているのは、善悪の知識の木と原罪の教えと同時に、ルカによる福音書（一三・六―九、154―155ページ参照）のたとえ話に出てくる、悔い改めが足りないために実が生らないイチジクの木を示唆している。一方でキリスト教徒の木は、詩編の第一編に基づく描写で、まさに生命の樹だ。信仰と悔い改めに根を張り、青々と茂る枝が「希望」と「愛」のまっすぐな幹からすくすくと伸び、悪魔が左の方へ追い払われている。同時代の「生命の樹」（図27）と題された別の版画は、こういうたぐいの絵の中でいちばんの人気を博し、十九世紀に入ってからも似たものが作られ続けた。前景には有名なメソジストの牧師、ジョン・ウェスリーとジョージ・ホワイトフィールドが、浮かれ騒ぐ罪深い人々を、大きく開いた地獄の口から引き離して、天国への狭き門へ導こうとしている。構図の焦点は生命の樹にかかるキリストの十字架像で、黙示録に書かれたとおりの新しいエルサレムの中に描かれている。

立ち木にキリストがかかる図像は、十三世紀に製作された中世の写本の彩飾[*11]や、一二六〇年頃に書かれた聖ボナヴェントゥラの瞑想、『リグヌム・ヴィタエ（生命の樹）』までさかのぼることができる。この著作には心の中でキリストの生涯を樹木の図に重ね合わせる手順が示されている。「心の中に木を思い描きなさい。その根を潤しているのは枯れることのない泉で、その水は滔々と流れる大河となり、四本の水路で庭園を潤している……この木の幹から、葉と花と実に飾られた十二本の枝が生えているところを想像しなさい。その葉はあらゆる種類の病気を予防し、治療できる特効薬だと考えなさい。十字架の言葉は信じる者すべてを救う神の力なのだから。[*12]」幻視詩人で画家だったウィリアム・ブレイクは、立ち木にかかる

[27]『生命の樹』版元ボウルズ・アンド・カーヴァー、ロンドン、
1970年代。手彩色の銅版画。35.3x24.9cm

十字架のキリスト像というモチーフを預言書『エルサレム』（一八〇四―二〇）の最終第四部の扉絵に使った。『エルサレム』はブレイクが書いた一連の預言書の総まとめとも言うべきもので、人類の堕落、捕囚、そして最終的な救いについて物語っている（図28）。これはアルビオンという、人類とイギリスの両方を代表する元型的な人物を通して行なわれるのだが、物語が最終段階に入ると、アルビオンは磔《はりつけ》にされたキリストの前に歓喜を身体全体に表わしながら立っていて、彼がキリストの犠牲が何を意味するかをついに悟り、そのおかげで「新しきエルサレム」に入れることを示している。*13

善悪の知識の木は、宗教的世俗的どちらの文脈でも、数多くの風刺に使われている。ジェイムズ・ギルレイの版画『自由の木―そしてジョン・ブルを誘惑する悪魔』は、議会のホイッグ党内反対派のリーダー、

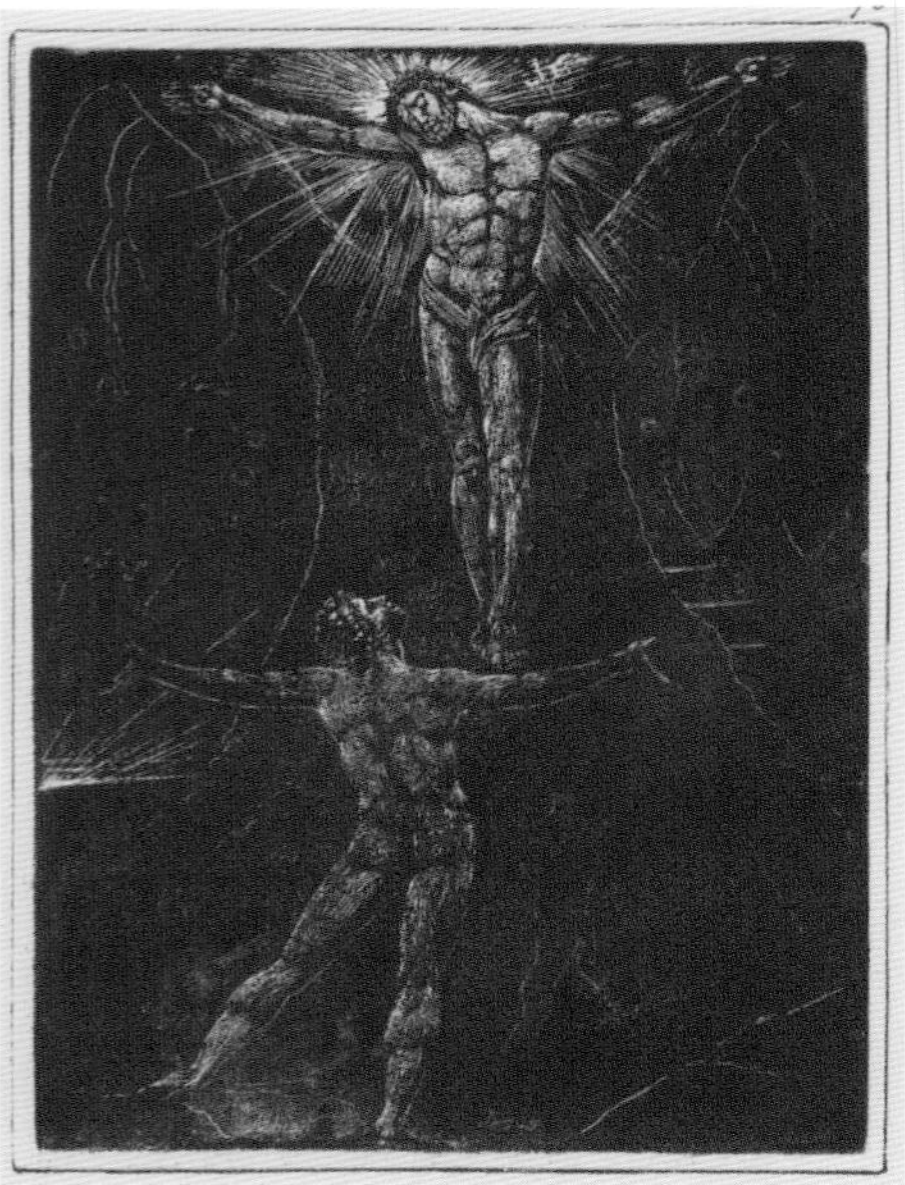

[28] ウィリアム・ブレイク（1757-1827）、『エルサレム―巨人アルビオンの流出』最終第4部の口絵（プレート76）。1804-21年。レリーフ・エッチング。22.2x16.1cm

[29]（次ページ） ジェイムズ・ギルレイ（1756-1815）、『自由の木―そしてジョン・ブルを誘惑する悪魔』1798年。エッチングに手彩色。37x26.8cm
チャールズ・ジェイムズ・フォックスがイギリス人のカリカチュアであるジョン・ブルに悪の知識の木から「改革（reform）」の腐ったリンゴを差し出しているが、この木の「反対派（Opposition）」と記された幹は「妬み（Envy）、野望（Ambition）、失望（Disappointment）」に根ざしている。ジョン・ブルが選んだのは「イギリス」の善の知識の木（後方）で、「公正（Justice）」の幹が「法律（Laws）」と「信心（Religion）」という枝を支え、「自主（Freedom）、幸福（Happiness）、安心（Security）、満足（Content）」という実を結んでいる。

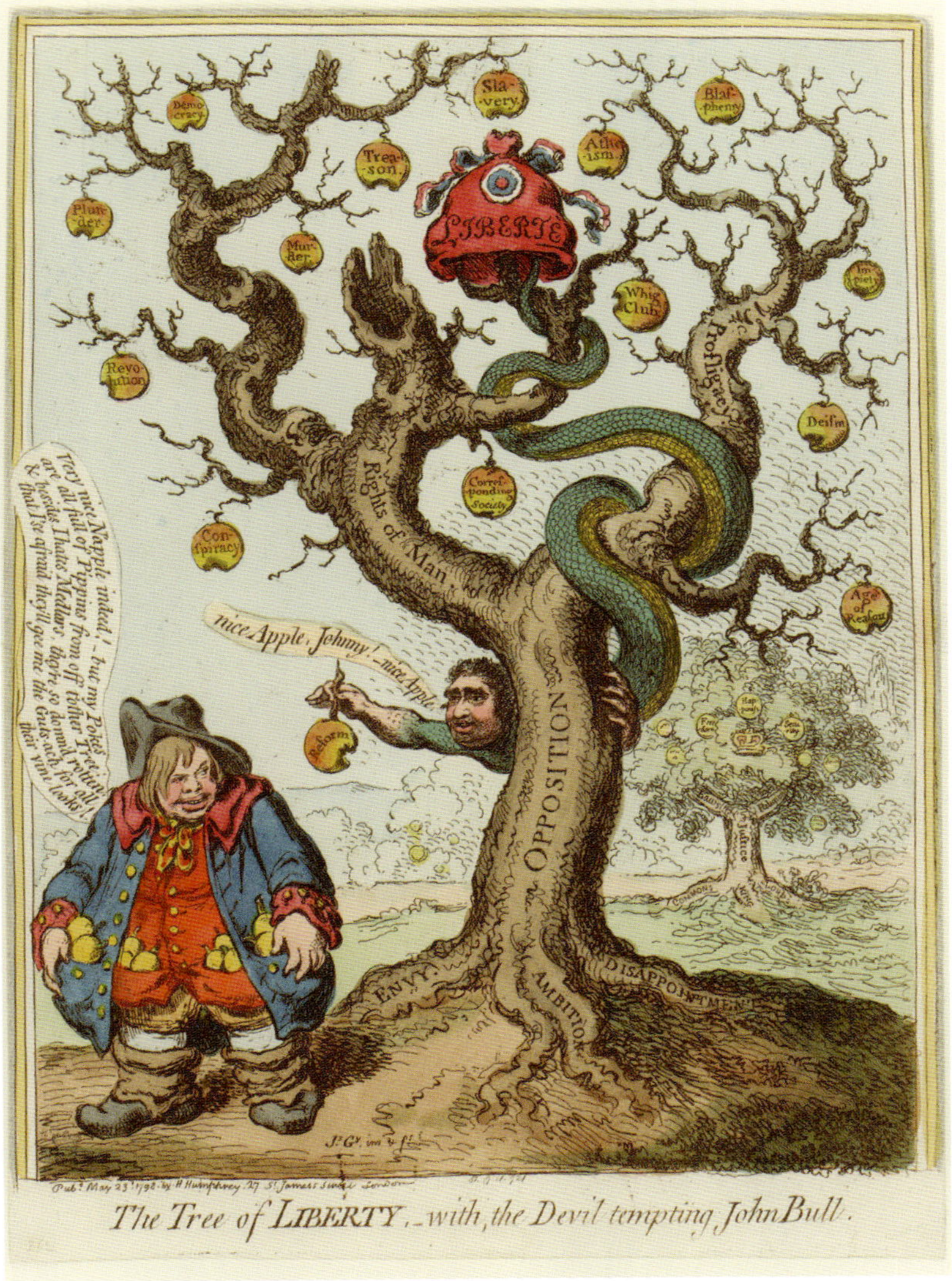

チャールズ・ジェイムズ・フォックスがイギリス国民に善悪の知識の木（別々の木として描かれている）の果実を味わって、フランス革命の例にならってみないかと誘惑の声をかけたことに対して描かれたものだ（図29）。

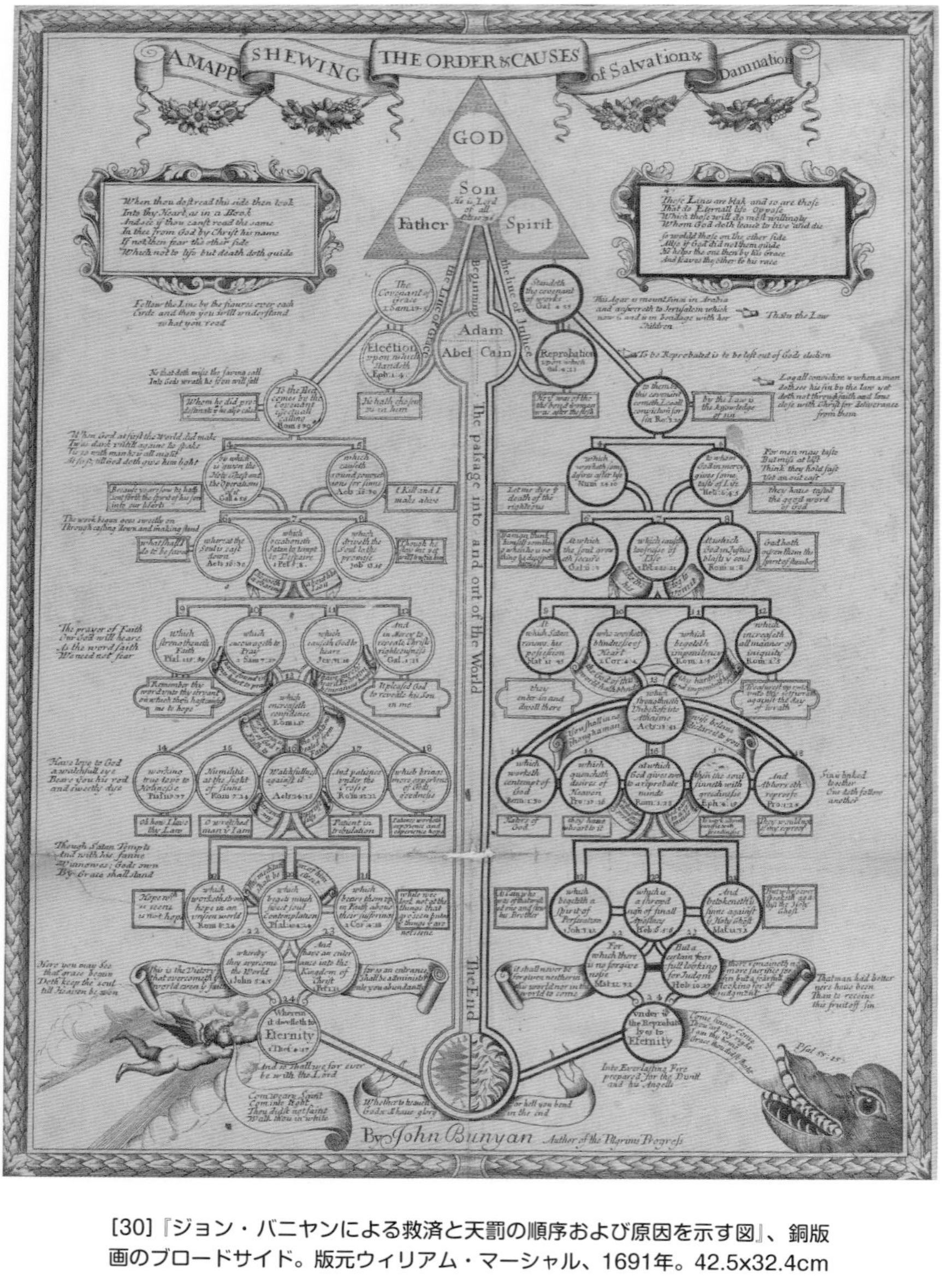

[30]『ジョン・バニヤンによる救済と天罰の順序および原因を示す図』、銅版画のブロードサイド。版元ウィリアム・マーシャル、1691年。42.5x32.4cm

知識の木と家系樹

聖ボナヴェントゥラが自分の瞑想を木の形に組み立てたのと同じように、神のため人のためを問わず、知識の分類や学習方法の指示に木の形を利用した人々がいた。三世紀のギリシア人哲学者ポルピュリオスは、アリストテレスの思想を樹木のような階層的構図で提示し、十九世紀まで論理学の教示に使われた図式的な「ポルピュリオスの樹」を生み出した。神秘主義神学者、聖書の注釈者、そして歴史哲学者だったフィオーレのヨアキム（一一三〇／三五頃―一二〇一／二）は、『形象の書』の中で歴史上の興隆期を一連の花咲く木に表現した。ドイツ人のイエズス会司祭で「東方」の言語や古代世界の宗教に惹かれていたアタナシウス・キルヒャー（一六〇一／二―八〇）は、一六五二年に神秘主義ユダヤ教の深遠な教えを明らかにするため、カバラの木を作っているし、*14 非国教会プロテスタントのジョン・バニヤン（一六二八―八八）は図式的な『救済と破滅の順序と原因を示す図』（図30）を書き上げた。フランシス・ベーコンが『学問の進歩』（一六〇五）に書いた知識の木のメタファーは、啓蒙運動の決定的著作『百科全書』を一七五一年に著わしたフランス人ディドロとダランベールによって、「人間の知識の系統図」に展開された（図31）。『百科全書』の「知識の木」には主要な枝が三本ある。記憶・歴史、理性・哲学、想像・詩歌だ。神学を含めた知識は、人間の理性の支配下にあり、神による啓示の支配下とはされていない。

『自然選択の方途による種の起原』に入っているチャールズ・ダーウィンの分枝図は、木の系譜をさらにさかのぼるもの、家系樹から発展した進化の木だった。ダーウィンは自然の仕組みを「家系のように系統的な並び」だと見ていたのだ。西洋に存在するこのような家系図の伝統は、キリストの祖先を見せる「エッサイの樹」の図像から発生している。聖書に「エッサイの株からひとつの芽が萌えいで、その根からひとつの若枝が育ち[*15]」と書かれているものだ。家系そのものは新約聖書の冒頭、マタイによる福音書の最初に詳述されている。ここではそれが象牙の板に表現されている。おそらくはスリランカで十六世紀後半に作られた棺を飾っていたものだ（図32）。十六世紀初め、ポルトガルとの交易による接触がスリランカにキリスト教の図像をもたらした。一五五七年に改宗したコッテ（現在のコロンボ）の王など、地元の支配者の一部がキリスト教徒になる以前のことである。キリスト教を受け入れたことで、新しく建てられる教会用に宗教的な品物の需要が生まれ、また同じような品々には贅沢品としてヨーロッパへの輸出の需要もあった。キリストの血筋から俗世の支配者のものまで、家系樹は出自や身分や正統性を示す強力なシンボルの一つになる。ハプスブルク家（図33）や十六世紀オスマン帝国の支配者（図34）、そして十六世紀から

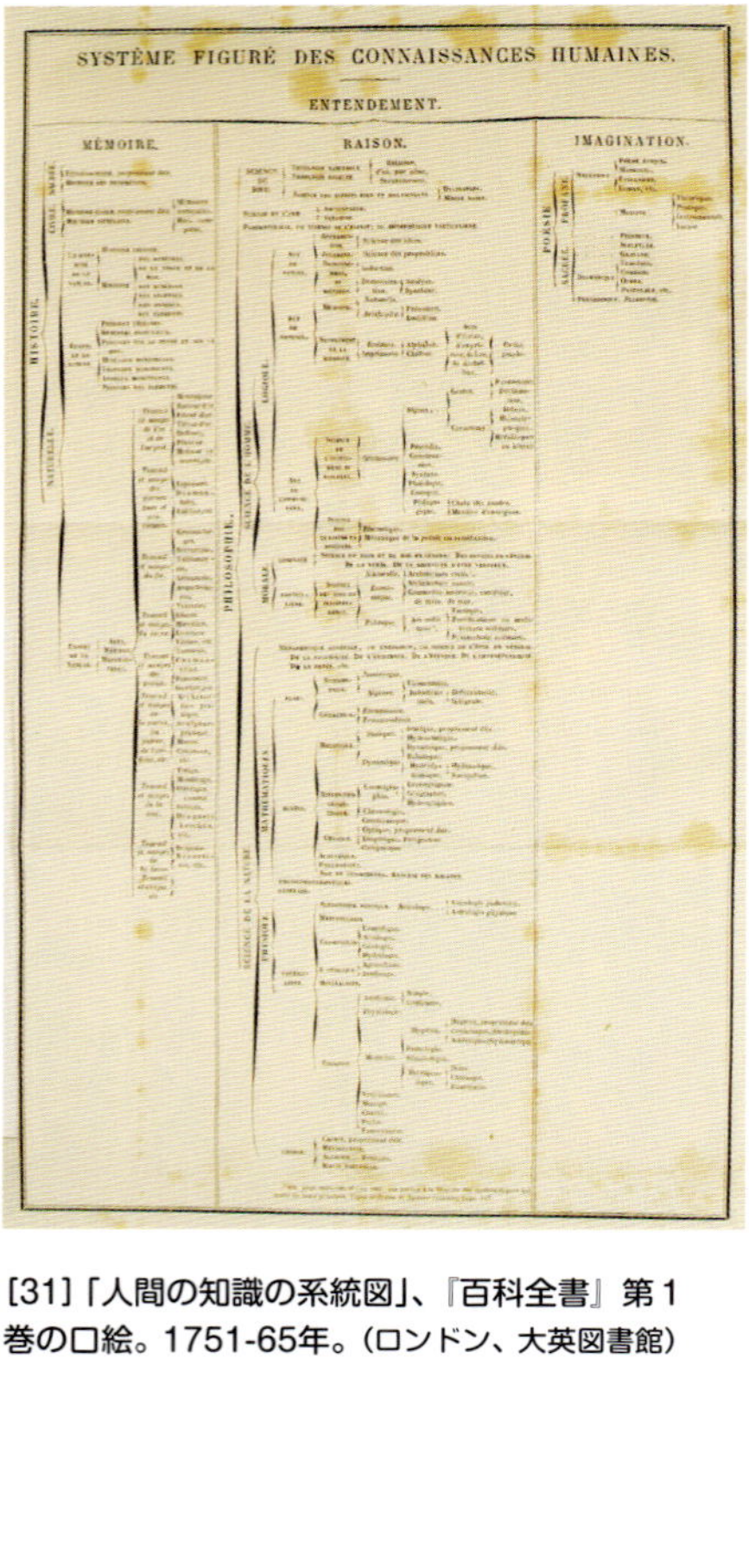

[31]「人間の知識の系統図」、『百科全書』第1巻の口絵。1751-65年。（ロンドン、大英図書館）

十七世紀への変わり目頃のボローニャの画家カラッチ一族（図35）などはほんの一部の例にすぎない。十九世紀の初頭、ゲーテが盟友のハインリッヒ・マイヤーとともに名付けた「新ドイツ宗教的愛国芸術」はオークの木をかたどった自らの系図を作成している。枝分かれの元はデューラーで、一五一〇年に製作された木版『大受難伝』シリーズから復活のキリスト図を借用した祭壇を幹に掲げてそれを表現している（図36）。この家系図はただ系統を示しているのではない。ドイツ芸術の再生を示す「生命の樹」を兼ねているのだ。

［32］象牙製エッサイの樹。おそらくスリランカ製。16世紀。17.4x12cm

[33] ローベルト・ペリル（16世紀前半に活躍）、ハプスブルク家の家系樹（部分）。ファラマンド王に始まり、皇帝カール５世まで22枚の版画が組み合わされている。スペイン版、1540年。色刷り木版。長さ（合計）734cm、幅47cm

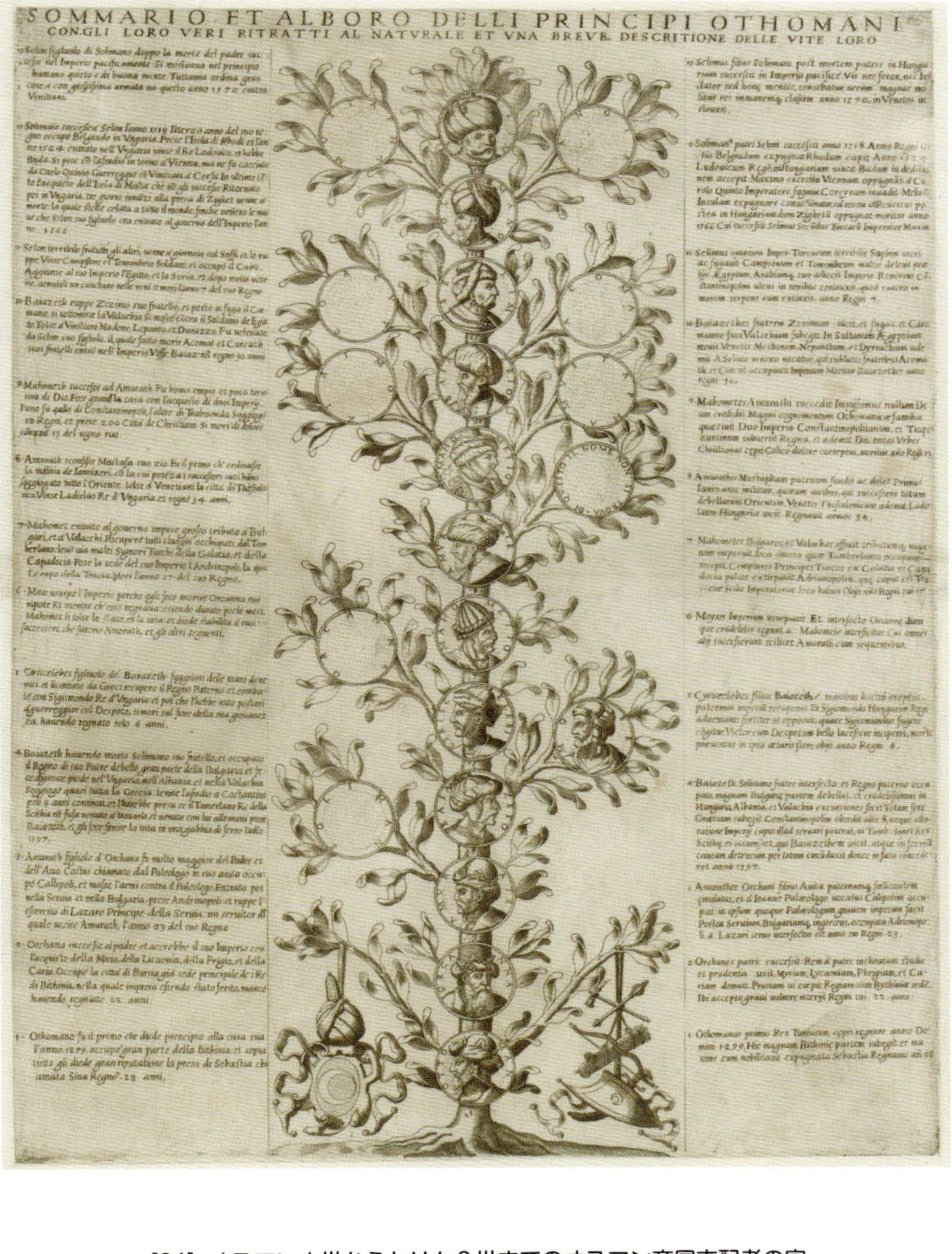

[34] オスマン１世からセリム２世までのオスマン帝国支配者の家系樹。1570年。銅版画。50.7x39.1cm

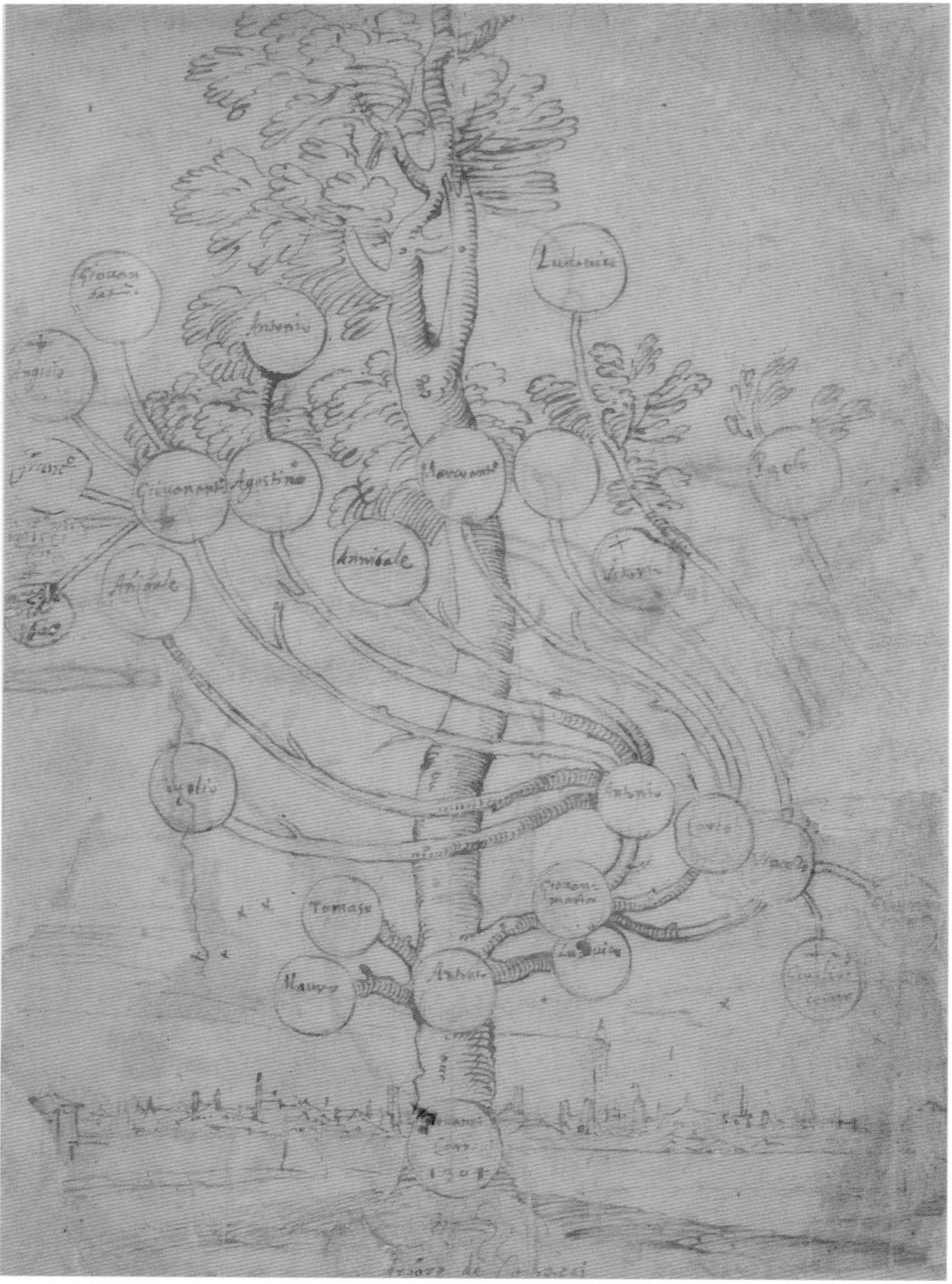

第1部　66

[36] フェルディナント・オリヴィエ（1785-1841）、ザルツブルクとベルヒテスガーデンの7ヶ所への献呈図。1823年。リトグラフ。28.2x35.5cm

[35]（右）アゴスティーノ・カラッチ（1557-1602）、カラッチ家の家系樹。1595年以降。ペンと茶色インク。28.9x20.3cm
木がボローニャの城壁の外に描かれている。

現代世界の「生命の樹」

最近の社会でもこの象徴が共感されなくなっている兆候はない。テレンス・マリック監督・脚本の映画『ツリー・オブ・ライフ』（二〇一一）は、二十世紀半ばのテキサスで展開する無邪気と喪失と救いの可能性の物語のところどころに天地創造の場面が挿入されるのだが、その中でライトモチーフにオーク（*Quercus virginiana*）の大木を利用している。ロンドンではイギリス人彫刻家レイチェル・ホワイトリードが、ウィーンのセセッション館に触発されて、ホワイトチャペル美術画廊のため、ハリソン・タウンゼンドによる一八九八―九年建築のアーツ・アンド・クラフツ・ビルの上部ファサードを埋める金色の「生命の樹」（二〇一二）を制作した。

大英博物館の収蔵品では、現代に「生命の樹」がどれだけ通用しているかを三つの品物が示している。一つ目は、女性のショール用のコットン生地で（図37）、ガーナ・メソジスト婦人会を称賛する柄として繰り返しプリントされているのは、「生命の樹」のモチーフとメソジスト賛美歌集で人気のある曲（四二七番、ネイハム・テイト、一六五二―一七一五）、「Through all the changing scenes of life」の締めくくりの一行だ。次はメキシコの陶器製キャンドル立て（図38）。毎年十一月一日の万霊節に行なわれる死者の日の祭りのために数多く作られる品物のひとつだ。しかし、いちばん目を惹くのは廃棄された銃器で作られた『生命の樹』だろう。これはモザンビークのマプトでTAE（武器を道具に）集団のために活動する芸術家グループの作品で、二〇〇二年に同じように作られた『武器の玉座』を購入した大英博物館とクリスチャン・エイドが二〇〇四年に委嘱してできあがった（図39）。この生命の樹は大英博物館が一年間、一連のイベントでアフリカ文化を特集した「アフリカ〇五」の一環として博物館入り口のグレートコートに

[37] ガーナ・メソジスト婦人会のためのコットン生地。ガーナ、アコソンボ織物会社によるプリント。21世紀初頭。170x110cm

展示され、その後はセインズベリー・アフリカ・ギャラリーに移されている。もともとはモザンビークをはじめとしてアフリカ各地にゆかりのある特定の樹木――候補に挙がったのはマンゴー、バオバブ、カシューなど――を表現するというアイディアだったのだが、最終的には象徴的なものに決定した。TAEは一九九五年にディニス・セングラーネ主教によって設立され、生産用の道具と交換することによって一九九二年に終結した長期の内戦で残された武器を自発的に放棄させる団体である。この彫刻は、ロンドンへの輸送に先立って、マプトの「平和公園」という野外空間に設置され、次いで市内の別の場所でも展示されて、そこでは政界や宗教界のリーダーが「平和と和解の祝日」にこの木の下で平和宣言に署名した。

[39] ケスター(1966生)、フィエル・ドス・サントス (1972生)、アデリノ・マテ (1973生)、イラリオ・ニャトゥゲジャ(1964生)、『生命の樹』。金属彫刻。2004年。高さ300cm
2005年、大英博物館グレートコートでの展示。

[38] (右) ティブルシオ・ソテノ・フェルナンデス (1952生)、陶器と針金製「生命の樹」のキャンドル立て。メキシコ、メテペック。1980年代。高さ102cm
毎年11月1日の死者の日 (ディア・デ・ロス・ムエルトス) のための品。地球を中心に、猿から人への進化の道と、ゆりかごから墓場までの人生のできごとが物語られている。

森の別世界

紀元一世紀の初めに書かれたオウィディウスの『変身物語』は、数え切れないほどの作家や芸術家に、森やその木立、そして個々の木々を、魔術と変身の場所とするアイディアを提供した。中でも有名なのはシェイクスピア作『夏の夜の夢』（一五九五／六）の「アセンズの森」だろう。ローマの詩人が語る古代ギリシア神話のオルフェウスの話は、彼の音楽と詩が自然を動かしたことを伝えている。オーク、ポプラ、菩提樹、ブナ、月桂樹、ハシバミ、トネリコ、モミ、シカモア、楓、柳、柘植《つげ》、ギョリュウ、銀梅花などが近寄ってきたという。これは世界をどのような形にも描き上げることができる芸術家に一つの典型を提供し、オーストリアの詩人ライナー・マリア・リルケ（一八七五―一九二六）の想像力を刺激した。リルケは一九二二年に一三日間で五四篇のオルフェウス（オルフォイス）に寄せるソネットを書いているが、その冒頭は次のような文言だ。

地から一樹が立ち上がる。おお純粋な上昇、と
オルフォイスが歌う！　おお耳の中の高きオークよ！
すべては静まりかえった。そしてその静寂の中で
彼はしるしを、変化を行ない、そして竪琴に触れた。[*16]

フィレンツェの人、ダンテ・アリギエーリ（一二六五頃―一三二一）は、ローマ時代の先祖ウェルギリウスやオウィディウスに匹敵する文学的かつ視覚的なイメージを作品にこめた。彼は森を人間の心理を象

徴するものとして『神曲』（一三〇八―二一）の第一部「地獄篇」に登場させる。

われらの人生行路の半ば
目覚めてみれば暗い森
正しい道から迷い出ていた*17

『神曲』第二部「煉獄篇」の終わりになると、森はキリスト教徒の罪悪感の象徴から地上の楽園に変化している。キリスト教会が勝利する幻を見る場所であり、ダンテが熱愛の対象で理想像でもあるベアトリーチェを初めて見かけるところでもある。「生命の樹」をはじめとして黙示録に出てくる象徴がたくさん盛り込まれたこの場面は、ウィリアム・ブレイクが『神曲』の挿絵として描いた水彩画（図40）に捕らえられている。しかし、この主題も、後の「天国篇」で描かれる場面も、地獄の光景ほどは印象に残らないだろう。その一例が第七圏にある自殺者の森だ。

緑色の葉はなく黒ずんで
曲がってねじれる枝ばかり
実はなく代わりに毒もつ棘が生える*18

罪が――この場合は、救われる可能性の拒否としてカトリック教会が大罪だと非難する自殺を指しているが――自然そのものまで損なっている。人間、神、またはその他の超自然的な力によって、毒を持った

[40] ウィリアム・ブレイク（1757-1827）、車上のベアトリーチェ、マティルダとダンテ（「煉獄篇」第29歌）、1824-7年。鉛筆にペンと水彩。36.7x52cm

[41] ジャック・カロ（1592-1635）、『戦争の惨禍』（大きな惨禍）よりプレート11「縛り首」。1633年。エッチング。8.1x18.6cm

り姿が醜くなった悪しき樹木の系譜は、直接または間接にダンテのメタファーまでたどることができ、新しいイメージはまたさらなる接ぎ木への機会を提供している。

一六三三年に出版されたジャック・カロの連作版画『戦争の惨禍』の一点、「縛り首」は、「惨めな果実」を枝からぶら下げた描写によって樹木を死の舞台とした強烈な画像となっている（図41）。ここに吊るされているのは、三十年戦争の際にカロの故郷ロレーヌ地方で狼藉をはたらいた仕返しに縛り首にされた兵士たちである。[*19] このモチーフは一九一九年六月にハンガリー・ソヴィエト共和国で失敗したクーデターを記念するメダルの裏面に使われ（図42）、アメリカ人彫刻家デイヴィッド・スミスによる『不名誉勲章』シリーズの「私法治安同盟」（一九三九）の一部分に影響を与えた可能性が大きい。[*20]

この面でカロがいちばん大きな影響を与えたのはゴヤだろう。一八〇八年から一八一四年に起きたスペインへのナポレオン侵攻と半島戦争のできごとを、一八〇八年から一八二三年までかけて八二枚のエッチングにした際、ゴヤは最終的にカロと同じタイトルを選んだのだ。『戦争の惨禍』はゴヤの死後かなりを経た一八六三年になるまで出版されなかったが、その後の出版は確実に広く流通した。個々の画面は人間が人間に対していかに残酷をはたらくか、消えることのない象徴的表現かつ告発となった。とりわけ、木の上に死体と切断された胴体が掲げられた図に「何たる偉業！　死者に対して！」という皮肉な題の作品（図43）はその真骨頂だろう。[*21]

ダンテの名は、第一次世界大戦で戦場となったベルギーとフランスの、酸鼻をきわめた現場のおぞましさを伝えられる唯一の形容として頻繁に引き合いに出される。木の「傷ついた枝」が「悪しき手足」に見え、[*22] 枝をもぎ取られた木々が、しばしばたった数メートルの陣地と引き換えに断たれた命を見守るように立ち尽くしている。敵味方を問わず、戦争画家や戦争作家が目撃したものがいかに途方もなく、また彼ら

[42]（右） エルジェーベト・エッセオ（1883-1954）、 ハンガリー・ソヴィエト共和国のブロンズ製メダル（裏面）。1919年。直径7cm

[43]（下） フランシスコ・ゴヤ・イ・ルシエンテス（1746-1828）、『戦争の惨禍』よりプレート39「何たる偉業！　死者に対して！」。1810-15年、1863年版より。 エッチングとドライポイント。15.5x20.5cm

[44] クリストファー・ウィン・ネヴィンソン（1889-1946）、『かの呪われし森』。1918年。ドライポイント。25x34.7cm
ネヴィンソンは赤十字の救急車運転手として従軍したが、1916年１月傷病により帰還。その後1917年７月に公式の戦争画家としてフランスに再度送られた。このタイトルはシーグフリード・サスーンの詩で1916年７月３日の日付がある「カルノアにて」に基づいている。

がいかに切羽詰まって伝えようとしていたか、『かの呪われし森』（図44）や『戦争の空虚』（図45）といった作品名が自ずから語っている。後者の画像を展覧会のポスター用に制作したポール・ナッシュは、一九一七年十一月にパッシェンデールの戦いの最終段階で目にしたものを妻に書き送っている。

前線の旅団司令部を訪問して、昨夜帰ってきたばかりです。あそこで見たものは生きている限り忘れないでしょう。何よりも恐ろしい悪夢でした。自然が作り出すわけがない、ダンテやポーが思いつきそうな土地。言語に絶する、まったくもって筆舌に尽くせない……黒こげで死にかけた木々は血をにじませ、汗を流し、砲弾は止むことがない……言葉にならない、救いがたい、どうしようもない光景でした。ぼくはもう興味と好奇心を持つ絵描きではありません。ここで戦っている男たちから、戦争が永遠に続くことを望んでいる男たちへメッセージを運ぶ使者になります。ぼくのメッセージは弱々しく不明瞭かもしれません。でも、そこには苦い真実があります。願わくばそれがやつらの卑劣な心を責めさいなんでくれますように。[*23]

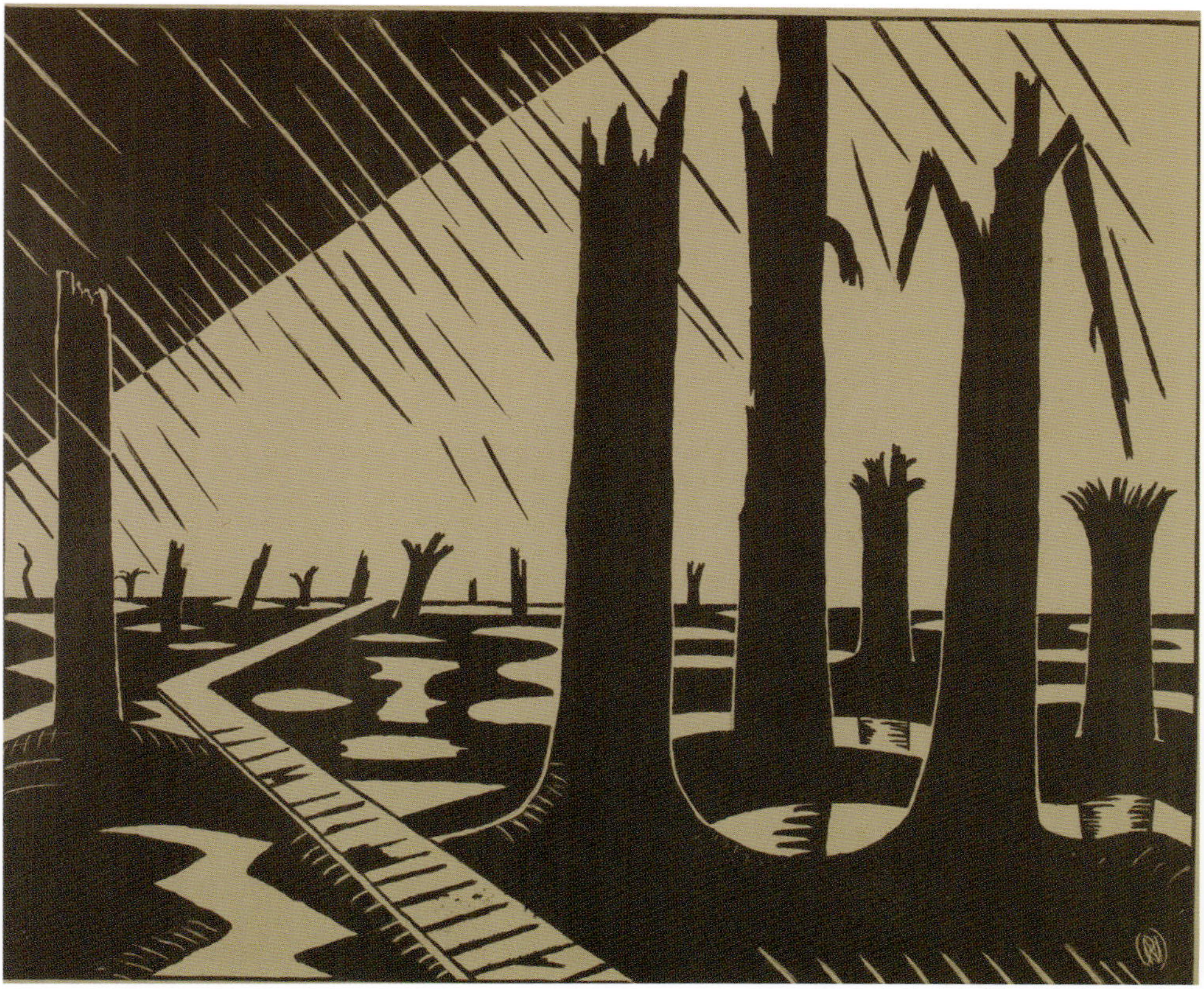

［45］ポール・ナッシュ（1889-1946）、『戦争の空虚』。1918年。リトグラフ。37.1x44.4cm

美術と自然

中国では宋の時代(九六〇―一二七九)から、自然との調和を重視した道教をはじめ、儒教や仏教の影響もあって、風景が芸術家の重要な主題と認められていた。符号による表現形式が、最初は文学で、次いで四世紀以降は絵画などの視覚芸術でも発達する。樹木は意味の枠組みに配置され、それが教養あるエリートに使われただけではなく、民俗文化にも組み込まれていた。神々、阿羅漢、仙人にはそれぞれの植物が割り当てられ、四季や一月から十二月それぞれの月にも、特別な年中行事とともに、草や木の花が結びつけられた。一六七九年に刊行された『芥子園画伝《かいしえんがでん》』の第一集は、中国の画家に影響を与えた絵画の指南本で、一七〇一年に出た残りの巻本と合わせて、中国だけでなく日本でも主要な種本となった(図46)。[*24]

[46] 王概《おうがい》(1645-1707)、「沈石田碧梧清暑図」。沈周《しんしゅう》(1427-1509)の原画に基づいて描かれた、アオギリ(*Firmiana simplex*)の下で暑さをしのぐ人の図。絵画の技法解説書『芥子園画伝《かいしえんがでん》』(芥子園とは南京にあった著者李《り》漁《ぎょ》の別荘)より。木版画。22.5x14cm

[47](次ページ)ジョセフ・グーピー(1689-1769)、現存しないサルヴァトール・ローザ(1615-1673)の作品に基づく『落雷にあった木のある岩山の風景』。18世紀前半。水彩。18x22.3cm

風景がそれ自身で主題となるものか、また視覚的な満足にしろ、心理的な投影にしろ、求める効果をかもし出すために、その構図はどのような役割を果たすことができるのかが、十八世紀末のイギリスで盛んに議論された。美術界の専門的権威の態度に変化が起きたことが、スイス生まれの画家ヘンリー・フュースリーによるロイヤル・アカデミーでの講演に示されている。フュースリーは——ティツィアーノ、サルヴァトール・ローザ（図47）、プッサン、クロード・ロラン、ルーベンス、レンブラントなど——そうそうたる巨匠の権威を持ち出して、風景は単なる「地図の代用品」ではないと持ち上げた。「高さ、深さ、寂しさは、風景の中で驚かせ、怖がらせ、夢中にさせ、当惑させる。われわれは古典時代やロマン主義時代の土地を歩き、さもなくば豊かに共鳴する特徴的な物体の集合の間をさまようのだ。[*25]」樹木は「豊かに共鳴する特徴的な物体の集合」として大きな潜在能力を提供した。構図にもたらす価値は計り知れない。そのことはレンブラントの作品に示されていて、一六四三年制作のエッチン

グ『三本の木』（図48）は、この面でJ・M・W・ターナーから特に選び出されて称賛を受けている。木々をどのように「配置」し、その「特徴」――個別にも全体としても――をどのようにして最大限に活かすのか、理解することの重要性が美術指導の焦点だった。アマチュア向けに風景画の本がたくさん出版される。さらにはプロの画家を目指す人に向けた本（図49）もあった。風景画はアマチュアの紳士淑女に相応しい趣味とみなされる一方で、人物画は正式に学校で習うものと考えられていた。

このテーマについて英語での決定版は、ニューフォレスト地方ボルダーの牧師ウィリアム・ギルピン（一七二四―一八〇四）と、ジョン・ラスキン（一八一九―一九〇〇）の著作だろう。二人ともアマチュアの画家だった。ギルピンの代表作は一七九二年に発表した『三試論―ピクチャレスク美に関して、ピクチャレスク旅行に関して、および風景のスケッチ法に関して、風景画に関する詩を加えて』と、それに先立つ一七九一年の『森林、その他の高木林地風景に関する所見―ハンプシャー州ニューフォレストの挿絵入り』で、前者の詩は「若き画家」にアドバイスを与えている。

山々から森の景色へ急ぎたまえ
それぞれの木の形や枝振りを
また最大の特徴をよく見ることだ
オークの枝は太く、堂々たる木陰を作り
樺の木は頼りなげに、ブナは小枝を茂らせ
トネリコは軽やか、そしてさまざまに変化する色合い
春に秋に、茶色や緑、また灰色にも[*26]

[48] レンブラント・ハルメンス・ファン・レイン（1606-69）、『三本の木』。1643年。エッチングとドライポイント。21.3x27.9cm

[49] ジョン・ラポート（1761-1839）、樹木の各部分を４列に描いたスケッチブックの1ページ。ポプラ、シカモア、ヨーロッパアカマツ、アメリカモミ、カラマツ、ヤナギ、ニレ、ブナ、トネリコ、オーク。1798年。ソフトグラウンド・エッチング。30.4x45.4cm

いちばん暗示的なのは、「科学の適用」や「美術の法則」が邪魔する前に風景に心を開くことが肝心だと奨励されていたことである。

われわれが歓声を上げるのは、雄大な景色が眼前に広がったときだろう。構図としては正しくなくとも、思考能力を超えて心を打たれる……理性が停止した、我を忘れたこのとき、美術の法則による検討以前に、熱狂的な感覚が広がって魂を覆う。その風景の全体像が、何らかの判断を求める前に一つの印象を与える。見渡すのではなく、感じるのである。[*27]

ギルピンと同時代の大地主ウヴェデール・プライス（一七四七―一八二九）が一七九四年に出した『ピクチャレスク試論――崇高および美との比較において、また実際の地形改善を目的とする絵画研究の使用について』は、当時一流の造園家だった「ケイパビリティー」・ブラウンやハンフリー・レプトンによって多くの庭園が変えられていることに反対して書かれた。プライスは自然と美術の中間を模索し、「ピクチャレスク」とは「美と崇高の間に存在する位置」[*28]を持つと定義したが、あまりにも画一的に密植されて自殺者が首をつる場所もない森や、「丘のてっぺんにのろし台のように配置されて、ピクチャレスク旅行者を何マイルも先から不安にさせる」[*29]ような木の「茂み」には反対だった。

それとは情緒的に異なる色合いの作品を制作したのが若き日のサミュエル・パーマー（一八〇五―八一）である。彼はウェルギリウス、聖書、ジョン・バニヤンから文学面の影響を、ウィリアム・ブレイクや大英博物館のデューラー、ルーカス・ファン・レイデンを初めとする巨匠の版画から美術面の影響を受けた。ちなみに、大英博物館の作品への手引きをしたのはブレイクのパトロンで画家のジョン・リンネルだ。大英博物館が一九六四年にパーマーの子孫から入手した一八二四年のスケッチブックは、美術と直接の自然観察が組み合わされた彼の修業時代のすばらしい記録で、一八二五年から一八三五年にケント州ショアハムの「空想の谷」で制作された作品への助走となっている。（図50）[30]

　自然に忠実であることを盛んに唱えたラスキンにとって、その忠実さとは単に分析するものではなく、実際に感じる必要のあるものだった。「人間の心と、目に見えるすべてとの間の絆[31]」が肝心なのだ。青年時代、彼はジェイムズ・ダフィールド・ハーディング（図51）に師事した。一八五〇年に出版された『樹木の習作』が定評を得た画家である。ラスキンはハーディングの器用さと「樹木のエネルギー」を全体として把握する力は評価したものの、『描画への招待』（一八五七）では、全体の印象と負け

[50] サミュエル・パーマー(1805-81)、樹木の習作、スケッチブックより。1824年。茶色のインク。18.9cm
「注意。クリは中央に描くべきだった」という書き込みから、この習作が観察に基づいていることが推察できる。

[52]（左）ジョゼフ・マロード・ウィリアム・ターナー(1775-1851)、ネミ湖。1840年頃。水彩。34.7x51.5cm

[51] ジェイムズ・ダフィールド・ハーディング（1798-1865)、木立。1850年頃。石墨に水彩。20.5x28.7cm

ず劣らず重要なのに、枝葉の細かい部分が十分に認識されていないと批判している。ラスキンが「木の美しさ」の本質を悟ったのは、一八四二年にフォンテンブローの森でポプラの木（*Populus tremula*）をスケッチしていたときだという。そのとき、森の木々が「ゴチック建築の狭間飾りより、ギリシアの壺絵より、東洋の最高に優美な針子が縫い上げる刺繍より、西洋の最高に巧みな絵描きが描けるより[*32]」美しいことが見えたのだった。ラスキンが美術の本質を悟ったのは、J・M・W・ターナーの作品を見いだしたときで、ターナーを擁護するために『近代画家論』（一八四三）の第一巻を書いている。ラスキンにしてみると、ターナーの風景解釈はその「不可解さ」、推し量ることも目をそらすこともできない「神秘」のゆえに、他のすべてを凌駕していた。[*33]

ターナー後期の水彩画「ネミ湖」（一八四〇頃、図52）は、ラスキンが賞賛するあらゆる面で測

り知れない。ラスキンがターナーに会った頃に描かれたこの絵は、数年後、ロンドン北東部、トテナムのベンジャミン・ウィンダスが所有する有名なコレクションの白眉として絶賛を浴びた。[*34] ネミ湖は「ディアナの鏡」とも言われる火口湖で、十七世紀以降、ローマへの観光客が必ず訪れる名所であり、フレーザーの『金枝篇』が幕を開ける場所でもある。フレーザーはナポリに近い、冥界への入り口という伝説のあるアウェルヌス湖に、ネミ湖と狩猟と森林の女神であるディアナの聖林を置き換えた。ネミと「森の王」の称号をめぐる儀式的な戦いは、彼が「思想の理論」、すなわち「三種類の糸――魔術の黒糸、宗教の赤糸、科学の白糸――で紡がれた……織物」[*35]を研究する出発点と終着点を提供したのだった。

第2部

樹木譜

Adansonia

バオバブ

装飾されたバオバブの実。オーストラリア、キンバリー地域。20世紀前半。
長さ19.1cm

バオバブはまさにアフリカの「生命の樹」である。大量の水を貯める能力（一名「ボトル・ツリー」とも呼ばれるほど）を持ち、果実、種子、葉はカルシウム、鉄、カリウム、ビタミンCなどの栄養分に富んでいて、樹皮は叩いて柔らかくするとロープ、敷物、かご、紙、布、帽子などさまざまなものの材料となる。全部で八種あるバオバブのうち六種はマダガスカルの固有種で、七種目——*Adansonia digitata*——はマダガスカルだけでなく、アフリカ本土にも自生して半乾燥地帯でよく育つ。八種目の*Adansonia gregorii*はオーストラリア西部の固有種だ。

バオバブ属の中で初めてヨーロッパ人が学問的に名付けた種は*Adansonia digitata*、名付け親はフランスの博物学者ミシェル・アダンソン（一七二七—一八〇六）だった。アダンソンが一七五七年に『セネガルの自然誌』に記述した当時、英語ではアフリカン・カラバッシュ・ツリー（アフリカヒョウタン）またはエチオピアン・サワー・グールド（エチオピアヒョウタン）と呼ばれていた。現在ではセネガル

100フラン紙幣。西アフリカ銀行発行。1942年。7.9x13.8cm
西アフリカ銀行は1901年にセネガルのダカールに設立された。民間の投資銀行だったにもかかわらず、フランス政府から紙幣の印刷を認められていた。

の国章になり、観光客は枝の上のホテルに泊まることもできる。*Adansonia digitata*はアフリカ大陸の三十カ国で自生し、その中にはキプリングが「大きくて灰緑色で脂ぎった」と書いた南アフリカのリンポポ川の岸辺も含まれている。*1 この地方には現在生育している中で最大のものがあり、その幹は周囲四七メートル近い。トマス・パケナムが『すばらしいバオバブ』(二〇〇四)に書いているところによれば、「木の象」と呼ばれる巨樹には「葬式」が行なわれることもあるという。

バオバブ独特の特徴は伝説や天地創造神話の素材になっている。この木は根を空中に張ったような姿をしている。宣教師で探検家だったデイヴィッド・リヴィングストン(一八一三—七三)に「あの巨大な逆立ちニンジン」と言わせた特徴だ。あるアフリカの伝説によれば、神は天地を創造したとき、それぞれの動物に一種類ずつの木を与えた。ハイエナはバオバブをもらったのだが、気にくわなくて放り投げ、それが逆さまに落ちたのだという。アントワー

セイフ・ラシディ・キワンバ（1977生）、『ウラフィキ・ワ・マシャカ（疑わしい友情／友情は消えた）』。2002年。木にエナメルペイント。100.3x96cm
『疑わしい友情』はタンザニアのダルエスサラームにあるティンガティンガ・コーポラティブで制作された。ティンガティンガはタンザニア南部の絵画と、エドワード・サイディ・ティンガティンガ（1932-72）が四角い板にエナメルペイントで描いていた数々の作品に起源をもつ民衆芸術運動で、同じテーマが少しずつスタイルを変えながら何度も描かれることが多く、必ず２枚１組になっている。この作品と対になっているのは『友情がはじまる』で、カメとシマウマの「結婚式」にさまざまな動物の招待客が人間の衣服を着た姿で描かれている。『友情は消えた』ではその同じ動物たちがお互いを食べていて、背景に目立つ巨大なバオバブの幹は中が空洞だ。人間関係の移ろいやすさを意図的に表わしているこれらの作品は、ザンジバルとタンザニア本土の間や、マサイ族の集団同士で現在も緊張が続いていることに照らしてみれば、とりわけ大きな意味を持っている。

ヌ・ド・サンテグジュペリは有名な『星の王子さま』（一九四三）でこの木の生き生きとした姿を捕らえ、放っておくと小さな星をのみ込んで割いてしまうため、その芽を絶えず摘まなければならないと、王子に説明させている。

バオバブのオーストラリアでの名前は「ボアブ」という。バズ・ラーマンが二〇〇八年に製作した映画『オーストラリア』ではエンドロールのバックに「ボアブの木のそばで」という歌が流れていた。もともとマダガスカルにあったバオバブの種子がインド洋を横切ってこの大陸に漂着し、沿岸地域から西オーストラリアの内陸部へ広がったと考えられている。ほんの少数がノーザンテリトリーに見られる以外、*Adansonia gregorii* は西オーストラリア州のキンバリー地域のみに自生する。この木は季節ごとに変化を見せるため、アボリジニの人々はそれを時節の目安にし、ここから「カレンダー・ツリー」と呼ばれるようになった。干魃の年には幹の繊維を吸って飲み水の代わりにされ、実は食材となる。近年、観光客が増えたことにともない、実を飾り物に加工するようになった。ここにお見せしたの例のように（９０ページ）、トカゲや野鳥などを彫ったものが販売されている。

93　バオバブ

ノースヨークシャー、ヴェール・オヴ・ピカリングのスターカーで見つかったカバノキの樹皮ロール。約8500年前。長さ6.2cm
スターカーはその希少価値と重要性から特定史跡に指定されている。

Betula

カバノキ

カバノキ属（*Betula*）は、約六〇種が北ヨーロッパ、北アメリカの一部、アジアに分布し、化石では六五〇〇万年以上をさかのぼる。北アメリカ大陸とユーラシア大陸が最後の氷河期を脱した後、カバノキは極度の寒さに耐えることから、中石器時代（紀元前一万年頃―六〇〇〇年頃）の植生に先がけていち早く分布を広げた。イギリスにある中石器時代を代表する遺跡は、紀元前八七七〇年頃から八四六〇年前後まで定住者がいた、ノースヨークシャーのスターカー遺跡だ。最近ここでイギリス最古の住居跡とともに、一万一〇〇〇年前のカバノキ材が樹皮のついたまま発見された。以前の発掘で出土した、カバノキの樹皮ロールは、漁網の浮きに使われたのかもしれないし、または何かの容器を作る材料だったのかも、樹脂をとるためだったのかもしれない。カバノキの樹皮は軽さと柔らかさで珍重され、樹脂に含まれる油分のおかげでほとんど腐らない。

英国産カバノキの全種コレクションが、サセックス地方ウェイクハーストプレイスにある王立キュー

リクトル（執政官随員）のブロンズ像。一方の手に月桂樹の葉、もう一方の手にファスケスを持っている。ローマ。紀元前20-紀元20年頃。高さ18.4cm
ファスケスは執政官が（棒による）体刑と（斧による）死刑を科す権力を象徴していた。

植物園ベッツレヘムウッド園にあり、世界中すべての種を集めるための試みが続けられている。北ヨーロッパでいちばんよく見られるのは*Betula pendula*（シラカバ）――昔は再生と浄化の力をもつ聖樹と敬われた――と、*Betula pubescens*（ヨーロッパダケ

カンバ）の二種だ。ヨーロッパダケカンバの棒を束にして斧に縛りつけたものが、ファスケスと呼ばれ、ローマ時代に権力の象徴とされて、十八世紀末にはその図柄がアメリカやフランスに採用され、一九一九年にはイタリアでムッソリーニのファシスト党の党章になった。

（上）ミデの巻物。グランド・メディスン・ソサエティ。後にカンタベリーのセント・オーガスティン宣教博物館所蔵中に着色された。長さ35.1cm
1858年より前に英国教会の宣教師がミネソタのチペワ（オジブワ）族のバッドボーイという人物から入手した数巻のうちの１点。オジブワ族はアメリカ北東部の森林地帯に住んでいた人々で、17世紀に西の五大湖地方へ移動した。このような絵文字の巻物は、ミデウィウィンつまりグランド・メディスン・ソサエティのシャーマン信仰、また天地創造や移住に関する神話を物語っていて、多くの歌が含まれている。

（右）ジェイムズ・トマス・ワッツ（1853-1930）、『11月の夕方、ウェールズの林で』。1904年頃。石墨と水彩。25.6x20.7cm
バーミンガム生まれのワッツは、ジョン・ラスキンの著作とラファエル前派の作品に大きな影響を受けた。

30個が入れ子になったカバノキ樹皮のバスケット。1725-40年。高さ35cm

この珍しいカバノキ樹皮の重ね篭はクリー族の手で作られ、おそらくクリストファー・ミドルトン船長（1770年没）がハドソンベイで入手したもの。ハドソンベイは現在のマニトバ北部、オンタリオおよびケベックの毛皮交易の中心地だった。この重ね篭をコレクションの一部として大英博物館に遺贈したサー・ハンス・スローンは亜北極圏とハドソン湾会社に絶えず関心を持っていた。

（上）アンジェリーク・メラスティ（クリー族、カナダ、サスカチュワン州、1927-90/96）、クリー族式木の葉と小鳥の「バイティング」デザイン。カバノキの樹皮。20.5x16.5cm
薄いカバノキの皮を２回折って対称的な文様を刺している。

（右）北アメリカ先住民オダワ族によってカバノキ樹皮とヤマアラシの針で作られた種々の箱とミニチュアのカヌー。1880年以前。長さ（カヌー）113cm
北アメリカを横断する鉄道の発達によって、ナイヤガラの滝や五大湖といった場所が観光地となり、それにともなってアメリカ先住民の土産物の市場ができあがった。 ここに示した品々は、 イエズス会の宣教師がランカシャーのストーニーハースト・カレッジに持ち帰ったアメリカ先住民関係資料に含まれていたのを、2003年に大英博物館が取得したもの。

ジョン・コンスタブル（1776-1837）、『白樺の習作』。1820-21年。石墨。23.3x15.8cm
樹木を描いた習作が「肖像画」と言われるほど、コンスタブルは木々に関心を寄せていた。このスケッチはおそらくウィルトシャーのソールズベリー滞在中に制作されたもの。

Betula papyrifera はアメリカ合衆国北部とカナダに自生している。いろいろある通称の中の二つ——ペーパーバーチとカヌーバーチ——が樹皮の具体的な使い道を示している。『樹林誌』（28ページ参照）の中で、ジョン・イーヴリンは「皮がものを書く役に立つ」[*1]カナダのカバノキに言及し、サー・ハンス・スローンはコレクションに「ニュー・ファウンド・ランドで、ウィリアム・クラーク・サージョン氏により、紀元一七一〇年に木の皮から製作された書籍」を持っていた（現在は大英図書館所蔵）。イーヴリンはまた、「ニューイングランドではわが北アメリカ人がカヌー、箱、桶、やかん、深皿を、シーダーの根で作った糸で実に巧みに縫い合わせて作り、その他にも、バスケットやバッグなど多様な日用品をさらに黒い種類のこの木で作っている」とも記している。ヘンリー・ワーズワース・ロングフェローが一八五五年に発表した叙事詩『ハイアワサの歌』では、主人公がキハダカンバ（*Betula alleghaniensis*）に向かってカヌーを作るためにその樹皮を与えてくれるよう呼びかけている。

バーチバーク・バイティング（カバノキ樹皮の切り込み細工）は、カナダ沿海州の北東森林地帯やニューイングランド北部に住み、五大湖地方へも移住したクリー族やオジブワ族という、アルゴンキン語族のアメリカ先住民に伝わる古い工芸である。文様や形象は物語を語るときに見せたり、ヤマアラシの針などで着色するクイルワークやビーズ細工の型紙として使われた。

一八〇二年に出版された詩『絵または恋人の決心』で、コールリッジは「枝

ロバート・キプニス（1931生）、『白い森』（白樺）。2000年。メゾチント。60.5x45cm
『白い森』は作者が少年時代を過ごしたロングアイランドの森林の思い出を描いた作品。

を垂れた白樺（無上に美しく／森の木々より抜きんでた、森林の貴婦人よ）」と書いていて、その描写は二〇年近くを経てコンスタブルが描いたスケッチの詩情に匹敵している。それと同じ特質が契機となって、ニューイングランドの森を詠わせては随一の詩人ロバート・フロスト（一八七四―一九六三）の傑作がいくつか生まれた。『白樺』（一九一五）は白樺に冬の嵐が襲いかかってしならせ、「あたかも少女が両手両膝をついて髪の毛を／前に垂らして太陽に乾かしてもらっているかのように」見える場面から始まり、人生を哲学的に振り返り、「白樺を揺らす者」としてもう一度やり直したいという切望へと向かっていく。

そんな風に、わたしもかつては白樺を揺らした
そしてもう一度そうしたいと夢見ている
それはあれこれ配慮にうんざりするとき
そして人生が道なき森を行くように思えるとき［…］
しばし地上を離れたくなる
それから戻って、また新しくやり直すのだ[*2]

103　カバノキ

Broussonetia papyrifera

カジノキ

磯田《いそだ》湖《こ》龍斎《りゅうさい》（1735-90頃）、『風流十二支―未』楮《こうぞ》と羊。1770-80年頃。多色刷り木版画。25x18.1cm

（カジノキと近縁の）楮と尨《むく》羊《ひつじ》は、橘《たちばな》守国《もりくに》（1679-1748）による『絵本写宝袋《しゃほうぶくろ》』でも連続したページに現われている。『絵本写宝袋』は、1720年に出版され、1770年に再版された有名な挿絵集である。

カジノキ（*Broussonetia papyrifera*）は紙作りにおいてアジアを優位に立たせた立役者である。製紙は中国に始まり、紀元二世紀にはかなり高度な技術に達して、韓国へ、そして六世紀には日本へと伝わった。カジノキの属名はフランス人博物学者ピエール・ブルソネ（一七六一―一八〇七）の名をとっている一方、英語の種名（paper mulberry）は一般にクワ（mulberry）と呼ばれるクワ科（*Moraceae*）クワ属（*Morus*、198ページ参照）の木々と近い関係がある。

カジノキの内樹皮は繊維が長いため、強くて曲げやすく、柔らかい紙を作ることができる。こういう紙は今日も大いに求められているのだ。ドイツ人の医師で博物学者だったエンゲルベルト・ケンペル（一六五一―一七一六）は、オランダ東インド会社の一員として一六九〇年から九二年まで日本に滞在し、この国の植物を解説した初のヨーロッパ人だったが、カジノキと近縁のコウゾについて次のように書いている。「コウゾ、すなわち紙の木は野生だが、役立つために畑で栽培される。植えられたコウゾは信じられないほどの速さで枝を伸ばし、大量の樹皮を作り出す。大変な手間暇をかけてこれから紙を作り、さらにその紙を使って火縄、紐、衣服その他のものが作られる。[*1]」

カジノキは紙幣の製造をうながした。中国では紀元七世紀に紙幣

油を塗ったカジノキの樹皮製のタバコ入れ。韓国、朝鮮王朝（1392-1897）、1888年以前。
このタバコ入れと次のページの団扇は、トマス・ワッターズ（1840-1901）から大英博物館への寄贈品に含まれている。ワッターズは1885年前後にソウルのイギリス総領事代行を務めていた。

が登場し、元朝（一二六一―一三六八）では主要通貨として使われて、ヴェネツィアからの旅行者マルコ・ポーロを大いに感心させている。明朝（一三六八―一九一二）では、この紙が紙幣として使うには薄すぎると考えられたらしく、カラヤマグワ（*Morus alba*）の内樹皮から作られるきめの粗い紙が選ばれた。どのみち、カラヤマグワは葉を蚕の餌とするために栽培されていたのだ。[*2] 製紙の方法は一六三七年頃書かれた『天《てん》工《こう》開《かい》物《ぶつ》』に、初めて詳しく解説された。韓国でカジノキから作られた紙は韓紙（ハンジ）と言って、三韓時代（紀元前五七―紀元六六八）から幅広い工芸品に使われている。

ここにお見せしたタバコ入れと団扇は、韓紙が日用の、しかも大変装飾的な物作りに応用されている例のうちのほんの二つにすぎない。タバコは十七世紀の初めにオランダ人が伝えたと言われていて、ほどなく煙管による喫煙が広まり、外国からの旅行者がその流行ぶりを書き残している。韓紙による創作への可能性に触発されて、最近ニューヨークで（二

カジノキの樹皮と竹、漆で作られた団扇。韓国、朝鮮王朝（1392-1897）、1888年以前。高さ（柄を含めて）37.8cm

韓国では男性も女性も団扇を使い、その形は蓮など、自然の中にあるものを模していることが多い。

（左）カテザ・シュロッサー（1920-2010）、カジノキにつかまるパレシアのポートレート。サヴァイイ島、サモア。1978年。カラー・プリント。30.4x20.3cm

（次ページ） 文様を描いたカジノキの樹皮製ティプタ。ニウエ。1866年以前。109x79cm（フリンジを除く）
南太平洋、トンガの東に位置するニウエ島ではヒアポという名が樹皮布に与えられている。作り方の技術と、タヒチのティプタというポンチョなど新しいタイプの衣服は、1840年代にロンドン伝道会に属する宣教師らがサモアから伝えた。装飾は完全にニウエ独自のもの。大部分の布は19世紀半ばから末のもので、今では世界各地のコレクションに分散しており、そのうち宣教師トマス・パウエルから入手した4枚が大英博物館に収蔵されている。パウエルは1866年にニウエのことを書いた『未開の島』（キャプテン・クックが1774年にこの島に与えた「非公式名」）という本を出している。

○一二年六月―七月）「ハンジ・メタモルフォーゼ」という催しが開かれ、美術、ファッション、建築、音楽などの分野から作品が集まった。

十八世紀半ばになると、イングランドでは中国から送られた種子をもとに、木陰と華やかな姿を求めて、カジノキが栽培されていた。

太平洋の東の端から、カジノキはポリネシアやメラネシアの島々へ運ばれ、タパ（ハワイではカパ）という樹皮布作りに使われた。十八世紀に太平洋を訪れたヨーロッパ人には、これが儀式に欠かせないのと同時に重要な交易品でもあることが一目瞭然だった。一七八七年に出版された『クック船長による三回の航海にて収集の布地標本便覧』は、樹皮布がその素材だけでなくさまざまな図柄に人目を引きつけた証拠と言えるだろう。タパの製作は、当時も現在も女性の手で行なわれている。ポリネシアでは女性の地位が高かったことが、族長が身にまとったり、巧みに隠された神々の像を包んだりと、儀式のときにこの布が大きな役割を果たすことに反映されてい

109　カジノキ

樹皮布タパを製作中のトンガの人々。
1889-90年。ガラス乾板。
12x16.4cm

る。

この布は十九世紀以来、特別に栽培されたカジノキの内樹皮から作られる。最初に樹皮を水につけて柔らかくし、次に叩いて幅広く延ばす。フェルトでつなぎ合わせることもできる。さらに日光に晒して脱色し、植物染料で模様をつける。タパはフィジー、トンガ、タヒチといった島々で衣服の主な素材となり、現在も儀式や祭りの折りに実際に着用されるだけでなく、観光客向けの土産物にもなっている。

ツゲ製のシトール。1310-25年頃。長さ61cm

（次ページ）シトール側板に施された彫り物の細部。豚飼いがドングリを落として豚に食べさせている。

Buxus

ツゲ

ツゲ（英語名ボックス）は、ヨーロッパ、北西アフリカ、マダガスカル、アジア、南北アメリカに分布しており、ヨーロッパで見られる種のうちでは *Buxus sempervirens*（セイヨウツゲ）の分布がいちばん広い。イギリス最大の自生地はサリー州ボックスヒルのノースダウンズ頂上一帯で、十七世紀にはすでにこの場所が名勝としてよく知られていた。成長が遅いため、ツゲ材は非常に緻密で固く、家具、科学器具や楽器、小箱、チェスの駒、ろくろ製品一般、細かい彫刻、版木などには理想的だ。ギリシア語では pyxos という語がツゲの茂みや木を指し、pyxis がツゲ材の容器を意味していた。ここから、ピクシスという名が、病人に聖体を運ぶときに使い、ツゲで作られることもある小さな容器につけられた。

このシトールはツゲ材の特徴を十二分に活かして作られている。シトールはすばらしい中世の楽器で、ギターのようにピックで弦をかき鳴らして演奏した。誕生から二五〇年ほど経って、この楽器は、当時イングランドの宮廷にイタリアから伝わったばかりだ

ったヴァイオリンに改造された。元のまま残っているのは一枚のツゲ材で彫り上げた背板と側板と棹で、側板には森の情景がぎっしりと細工されている。オークの木、サンザシの枝などに加えて、五月のウサギ狩りなど毎月の仕事が描かれている。この図柄と写本の彩飾、石彫や木彫との比較によって、この楽器が作られたのは一三一〇―二五年の間ということが判明した。ちょうど、エドワード二世の治世（一三〇七―二七）で、この時期にシトールが宮廷で好まれたことがわかっている。その後のヴァイオリンへの変身にはレスター伯ロバート・ダドリーとエリザベス一世が関わっていて、糸巻き部を覆う金メッキの銀板にはエリザベス一世の紋章とともに一五七八という年号が刻まれている。これはダドリーがレティス・ノウルズと秘密裏に結婚した年で、一説によれば女王の寵臣だったダドリーは、女王をなだめるためにこの楽器を献上したという。シトールからヴァイオリンへの改造を行なったのは、もともとヴェネツィアの有名な楽器製造職人一家で、ヘンリー

キリストの生涯と受難からいくつかの場面で飾られたミニチュアの祭壇。フランドル。1511年。高さ25.1cm

八世がロンドンに連れて来たバッサーノ一族らしい。ヘンリー八世は自分の宮廷の音楽をイタリアやフランスの宮廷に負けない水準まで引き上げることに熱心だった。[*1]

象牙と並んで、ツゲは細密彫刻の素材として好まれた。中世後期からルネサンスの時代に、裕福なパ

ウィリアム・ブレイク（1757-1827）、ロバート・ソーントンの『ウェルギリウスの牧歌』に収録されたアンブローズ・フィリップス作「セノットとコリネット—牧歌の模倣その１」の挿絵印刷用に彫刻された版木。1821年。3.4x7.3cm

トロンが個人的な礼拝用に求めた、贅沢なミニチュア工芸品である。物語がまるごと刻み込まれたロザリオの玉やごく小型の精巧な祭壇など、細工のすばらしさが宗教用品としても贅沢品としても、持ち主の身分に結びついていた。

ツゲの木口は、十八世紀から十九世紀初めにかけて、小さめの挿絵用版木として申し分のない素材として使われた。ウィリアム・ブレイクは、ウェルギリウスの『牧歌』の学生版用として一八二一年に一七枚の挿絵を制作したとき、この技法を使っている。この際、ブレイクは出版社を激怒させた。通常の白地に黒ではなく、反対の黒地に白で絵を現わしたのである。若き日のサミュエル・パーマー（８４ページ参照）は、この挿絵に心を奪われてこんな言葉を残している。「あの絵は天国の小さな谷間や、合間や、片隅の幻影だ。情熱的な詩のこの上なく見事な語調の典型だ。[*2]」

ウィリアム・ブレイク（1757-1827）、ロバート・ソーントンの『ウェルギリウスの牧歌』に収録されたアンブローズ・フィリップス作「セノットとコリネット―牧歌の模倣その１」の挿絵。木版。1821年。15.7x8.5cm
試し刷りの１枚。この後、版木が４つに切り分けられた。

シーダー

「本物」のシーダー（ヒマラヤスギ属）はマツ科（*Pinaceae*）に属している。アルジェリアとモロッコにまたがるアトラス山脈原産のアトラスシーダー（*Cedrus atlantica*）、キプロス島のキプロスシーダー（*Cedrus brevifolia*）、ヒマラヤ西部原産のヒマラヤスギ（*Cedrus deodara*）、そしてレバノン、シリア、トルコに自生するレバノンスギ（*Cedrus libani*）の四種が知られている。シーダーと一般に呼ばれるそれ以外の樹木は、だいたいがヒノキ科（*Cupressaceae*）の植物で、たとえばアメリカ合衆国東部原産で黒鉛の芯をカバーするために使われて、「ペンシルシーダー」と呼ばれるビャクシンの一種などがある。

本物のシーダーの中でいちばんよく知られているのはレバノンスギだろう。『ギルガメシュ叙事詩』（8ページ参照）では、主人公が親友エンキドゥとともにレバノン杉の森へ危険に満ちた旅路をたどる。その森は、大地を支配する最高神エンリルの頼みを受けた怪物フンババに守られていた（「シーダーを守るため、エンリルは人々を脅かす役目をフンババに与

（前ページ）赤鉄鉱石製の円筒印章の印影。ギルガメシュとエンキドゥが、ひざまずいているシーダーの森の番人、巨人フンババを殺そうとしている。イラク南部で発見。紀元前1400-1300年。高さ3cm

（下）シーダー材の断片。紀元前900-700年。ニムルド出土。19世紀半ばにカットされ、磨かれた。長さ21cm

えた[*1]」）。

彼らは森に驚嘆し、高々と立つシーダーを前に立ち尽くした……彼らはシーダーの山、神々の玉座を見た。山の面《おもて》にシーダーは数多く繁り、その木陰は優しく喜びに満ちて……彼は怪物を、シーダーの番人を倒し……森を踏み荒らした。神々の秘密の隠れ家を暴き、ギルガメシュは木々を切り倒し、エンキドゥは材木を選んだ。[*2]

ギルガメシュは最後に知恵を得るが、その前に無差別に環境破壊を行なっていて、それはレバノン山の偉大なシーダー林を破壊する長い歴史の始まりだった。わずかに残った木立は「神のシーダー」として、一九九八年にユネスコの世界遺産に加えられている。紀元前二〇〇〇年紀以後、西アジア諸国間で不可欠な交易品となったシーダーは、メソポタミア国王の碑文にも戦利品または貢ぎ物として記述されている。大口の消費者はエジプト人だった。イラク

ネクトアンクの彩色されたシーダー材の棺。エジプト中部デル・エル・バハリ（テーベ）出土。中王国、第12王朝（紀元前1985-1555）。長さ212cm
葬られた死者が日の出を見られるよう、目が描かれている側が東向きに安置されていたはずである。

北部コルサバードにあったサルゴン二世（紀元前七一〇）の宮殿跡から出土し、現在はルーヴル美術館にあるレリーフの一枚に「エジプト人用レバノン木伐採図」がある。芳香と防腐効果のあるシーダー樹脂はミイラ作りに使われ、シーダー材は木棺にするだけでなく、薬品の調合に使ったり、香料として燃やしたりされた。

シーダーの木からは長尺の材木がとれる上、シロアリがつきにくいため、船や宮殿、神殿などには重宝な建材だった。いちばん有名なのはエルサレムにあったソロモン王の神殿だろう（次ページのジョルダーノによるスケッチを参照）。森林破壊があまりにひどいため、ハドリアヌス帝は紀元一二三年にレバノンのシーダーを保護するための勅令を出している。十七世紀、ジョン・イーヴリンは、適切な森林管理が必要だとする持論の裏付けに、シーダー枯渇の歴史を持ちだした。

ヨセフスによれば、ユダヤのシーダーはそもそも

ルカ・ジョルダーノ（1634-1705）、ティルスの王から神殿のための木材を受けるソロモン。1695年頃。黒色チョークと灰褐色のウォッシュ。30x42.5cm
ナポリ生まれの画家ジョルダーノは、スペインの王宮用に注文されたソロモンの生涯に関する連作の習作としてこのデッサンを描いた。

ソロモンによって植えられた……しかし、あるものずきな旅人が調べたところによれば、今やあの麗しい樹林に残る大木は二十四を超えないという。ソロモンは八千人の木こりを働かせてただ一つの神殿と宮殿を造る材を得たが、これは木材増産のため正当な手入れが連続しなければ、時と怠慢が荒廃をもたらす明白な証拠となるだろう。[*3]

ニネヴェ、ニムルド、コルサバード、バラワットの要塞で十九世紀後半に行なわれた考古学的発掘は、アッシリアの君主たちの建築欲とそれにともなうシーダーの需要を明らかにした。材木は地中海東部からフェニキア人が持ち込み、部屋の梁や門扉の枠に使われた。ギルガメシュが言っている。「扉を作ろう。その高さは六ロッド、幅は二ロッド、厚さは一キュビト。戸柱と上下の軸はすべて一本の木で。[*4]」バラワットで見つかった碑文には、マムー（夢の神）に捧げる神殿を建てるため、アッシュールナツィルパル二世（在位紀元前八八四―八五九）が何をしたかが

ウィリアム・ジェイムズ・ミューラー(1812-45)、
『薬剤師植物園』。1840年。水彩。30.9x49.4cm

書かれている。「わたしはレバノン山まで行軍し、シーダー、糸杉、ネズの梁を切り倒した。シーダーの梁をこの神殿の上に据え、シーダーの扉を作った。わたしは［その扉を］青銅の帯で巻き、戸口に［それを］吊るした。[*5]」一八七八年、ホルムズド・ラッサムが大英博物館のためにシャルマネセル三世（在位紀元前八五八―八二四）が造ったバラワットの門を発掘した。そこに取り付けられていたとおぼしい青銅製レリーフの出土した実物が、現代になって再建された巨大な門の近くに展示されている。

ウィリアム・シェイクスピアの戯曲『シンベリン』の終盤、すべてが明らかになった後、占い師が謎の書き物の意味を、幸運の予言だと説き明かす。

> 高きシーダーとは、シンベリン陛下、
> 陛下を表わし、切り落とされたる枝々とは
> ふたりのご子息のこと。ベレーリアスにかどわか
> され
> 幾とせも死んだとばかり思われておりましたのが

121　シーダー

（前ページ）ヤコブ・ファン・ハイスム（1687/9-1740）、『シーダー』。水彩、グワッシュ。37.5x26.5cm

1723年から園芸家協会の月例会で名前が登録された植物141種を集めた画帳の中の１枚。会員はチェルシーの薬剤師植物園（別名薬草園）に近いニューホール・コーヒーハウスに集まり、イングランドで生育している外来種の完全な目録の編纂を目指していた。

今、よみがえり
そびえるシーダーに継ぎ合わされて、その末は
ブリテンに平和と豊かさを約束するのです*6

シーダーに関するシェイクスピアの知識は、実際に見知ったものではなく、聖書や古典によるものだろう。シーダーがイギリスで見られるのは一六三八年以降のことで、その年、オクスフォード大学のアラブ学者エドワード・ポコックがシリアから持ち帰った種子を発芽させたのだった。十八世紀末にはレバノンスギ（*Cedrus libani*）が、大きな公園を飾る木として人気を博し、ケイパビリティ・ブラウンら造園家によって「異国風植物」とともに植えられた。一六八三年に四本の苗がチェルシー薬草園（薬剤師植物園、３１ページ参照）に植えられ、一七七一年にそのうちの二本が切り倒され、三本目は一八七〇年代、そして四本目が一九〇四年に伐採された。この三本目と四本目は、一八四〇年にウィリアム・ミューラーが薬草園を描いた風景画に見えている。一七二二年から一七七一年まで園長を務めたフィリップ・ミラーの指図のもと、レバノン杉の球果から初めて種子が採取された。サー・ハンス・スローンはそれを画期的なことと考えて、一七二九年に球果が九つついた枝をフェローたちに見せるため、王立協会へ持参している。その枝は、ヤコブ・ファン・ハイスムが園芸家協会のために描いたものとよく似ていたことだろう。この絵が入っている画帳はスローン遺贈品の一部として一七五三年に大英博物館に収蔵された。

ココヤシの葉、木材、コイア（ココナッツの殻の繊維）で作られた団扇。クック諸島。18世紀末または19世紀初め。長さ54cm

Cocos nucifera

ココヤシ

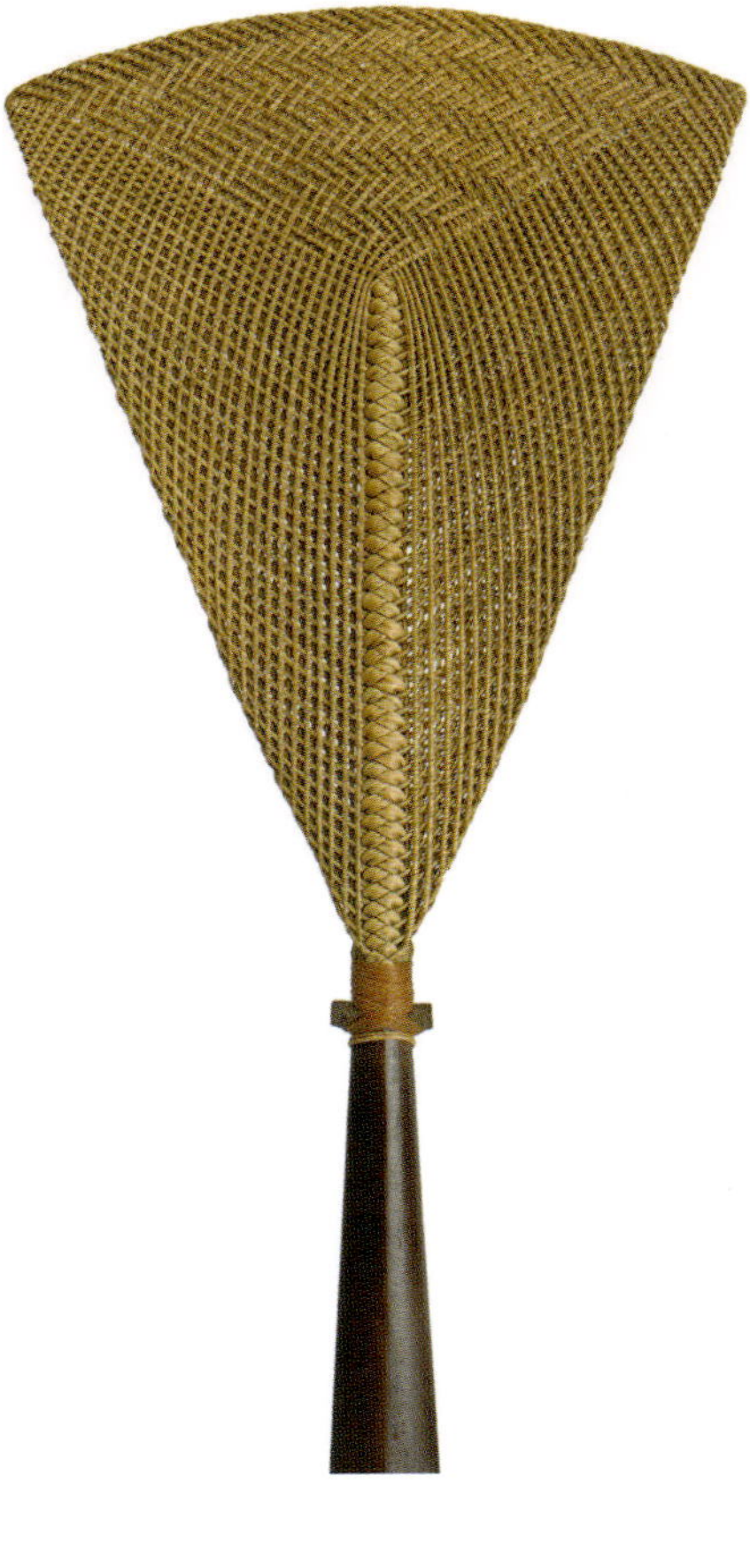

ココヤシ（*Cocos nucifera*）はココヤシ属（*Cocos*）唯一の種で、植物の科としてはもっとも古いものの一つ、かつもっとも多様性に富むヤシ科（*Arecaceae*）に属している。その用途は多岐にわたり、あらゆる部分が役立つことから、サンスクリットでは「生活に必要なものをすべて与える木」、マレー語では「千の用途をもつ木」、フィリピンでは「生活の木」といった名前で呼ばれている。

ココヤシはインド洋が原産と考えられている。十

三世紀末に初めて「インドのナッツ」（ココナッツ）について書いたヨーロッパ人の一人マルコ・ポーロは、スマトラ、ニコバル、アンダマン諸島、マドラス、マラバル海岸でこれを見たと言っている。「cocos」という言葉は十六世紀の初めまでヨーロッパに現われていない。スペイン語とポルトガル語で笑顔を意味するcocoが語源で、これはココナッツの付け根側に三つの「目」があることに由来する。人間の介入とココナッツの浮力（波に乗って運ばれ、相当遠いところで発芽できる）のおかげでココヤシは熱帯地方全体に広まった。太平洋各地、南北アメリカの一部、マダガスカル、そしてアフリカへ。十五世紀の末にポルトガルが喜望峰をまわるインド航路を開拓すると、彼らによって西アフリカに伝わった。

十八世紀、ヨーロッパによる太平洋探検は、この地域におけるココヤシの分布と多彩な用途の証拠を残した。オタヒーティ島とも呼ばれたタヒチ島を筆頭とするソシエテ諸島（キャプテン・クックの命名）は、すばらしい自然の美とありあまる食料に恵まれ

（右）ウィリアム・ホッジズ（1744-97）、『オタヒーティ島の風景』。1773年。ペンとグレーのインクに水彩。36.8x53.9cm
「陸から珊瑚礁と海を望み、海抜の低い珊瑚礁の特徴を呈するオタヒーティ島の風景。植物は、自生するコーコー・ナッツの木とプランテーン。1773年、W・ホッジズによる写生」という書き付けがある。ホッジズは1772-5年、キャプテン・クックの第2回航海に同行した素描家。

た地上の楽園に見える。そしてココナッツはその両面で大きく貢献しているのだ。長い航海をする船乗りにとっては汚染されていない飲料の重要な供給源であり、またその他の食料を入れておく容器にもなった。一七八九年に起きたバウンティ号の反乱の後、救命ボートで追放されたブライ船長が使ったココナッツの殻が、二〇〇二年にロンドンの国立海事博物館に収蔵された。また、二本のココヤシが、ウィリアム・ブライによって一七九三年にタヒチからキュー植物園へもたらされたという記録が残っている。

引き続いて十九世紀に行なわれた航海で、ココナッツの重要性が記録されている。一例が一八五七―九年に世界一周航海をしたオーストリアのフリゲート艦ノヴァーラ号の探検記だ。

現在「一八五七年」のところ、カールニコバル島「ニコバル諸島でもっとも人口が多い最北端の島」の先住民が栽培している植物はココア・ヤシのみである。それは食と住に、家具に、また島外の人々との交易について、住民が必要とするものをすべて提供する。このほっそりした木の幹は……なかなか頑丈で、小屋の梁、屋根や壁の下地、また舟のマストになる。樹皮や実の殻（交易ではコイアと呼ばれている）は綱や紐の材料になり、巨大な団扇の

（右）真鍮製飾り板。ナイジェリア、ベニン。1500-1600年。50x37.5cm
かつてベニンを支配したオバの宮殿で壁を飾っていた数百枚の飾り板の1枚。

（左）ココヤシの木の写真。1880年。鶏卵紙プリント。10.3x6.2cm

形をした葉は……最上部に生えていて、屋根を葺くのに使い、また編んでかごなどに細工する。ナッツの果汁は……先住民に清水が皆無であることをほんの少しも感じさせず、人里離れた林の中を行く旅人には唯一の飲み物として、活力と気力を与える。熟した実の仁、すなわち核は、十分に干して圧搾すると、良質で透明な無味の油がとれる。これは先住民が肌や髪に塗るために使い、また同時にヨーロッパとの非常に重要な交易品で、毎年五〇〇〇万個以上の熟したココア・ナッツが、ヨーロッパの織物と引き換えに、外国の商社を通じて輸出されている。[*1]

太平洋地域の工芸品は、大英博物館の南洋室、別名オタヒーティ室に初めて展示されるとセンセーションを巻き起こした。キャプテン・クックが一七六八—七一年の第一回と一七七二—五年の第二回の航海で収集した中から選ばれた品々が、海軍省から第一次寄贈品としてもたらされたのだ。十九世紀から

カヴァ飲用カップ。ココナッツ殻製カップにココナッツ繊維製の口拭きがついている。フィジー。19世紀。直径11.1cm

カヴァ（*Piper methysticum*）には鎮静作用があり、太平洋地域の人々はそれを目的に、粉状または飲み物として摂取する。薬用に、宗教儀式や政治の場で、文化や社交などの目的に使用され、その調製や摂取に関わる道具はそれに応じた重要性を持つ。

二十世紀にかけて訪れた、数多くの宣教師、植民地行政官、海軍の軍人、そして後には専門的な人類学者の活動とともに、太平洋の文化への関心は高まっていった。太平洋地域でのフィールドワークは、今も大英博物館の仕事の重要な一側面であり、その一環として現代の品物の収蔵も行なわれている。

（次ページ）ココヤシの葉と布で作られた帽子。死者を追悼する祭りで頭蓋骨にかぶせる。ニコバル諸島。19世紀後半。直径30cm

これを収集した植民地行政官エドワード・ホレス・マン（1846-1929）は、喪が明ける頃に行なわれる「墓地の祭り」について、次のように書いている。「ここ数年間に死んだ人々の頭蓋骨をすべて取り出し、ココナッツ・ミルクで洗ってから清潔な布に包んで、それぞれにかぶり物を載せる。」ココナッツの木はニコバル諸島で非常に大切にされていた。「植えた者がその木の持ち主になる。土地に持ち主はいない。木だけが所有される。」（Edward Horace Man. *The Nicobar Islands and Their People*. Memoir contributed by Sir David Prain, Guildford 1932, p.49）

乾燥したココナッツの果肉はコプラと呼ばれ、これを搾って油をとる。コプラは十九世紀半ばに石鹸の原料として特に珍重され、副産物として搾りかすが家畜の飼料になった。コプラ貿易をヒントに、ロバート・ルイス・スティーヴンソンは小説『ファレサアの浜』（一八九二）を書く一方、貿易用ココヤシの栽培の影響を『歴史への補足―サモアにおける八年間の紛争』（一八九二）の一部に取り上げた。この評論は、ドイツとイギリスとアメリカが権力の空白に乗じようと競り合ったサモア諸島の内戦に応えて発表され、賛否両論を巻き起こす。サモアの経済はドイツのプランテーション会社――島の人々から見れば「小人の国のガリヴァー」――に牛耳られていて、「七百人から八百人ほどの男女が他所から連れて来られて働いている……三年から五年の契約で、おそらくは一カ月数ドルの賃金である……ドイツのプランテーションに入ると、茂みがまったく見られず、人影もない。何エーカーも無人の草地に、何マイルもココア・ナッツだけが並んでいる。食べ物と

染色したココヤシの葉で作られた帽子。作者モアナ・モー夫人。ニュージーランド、オークランド。20世紀後半。直径39cm

いう点では砂漠も同然だ。[*2]」政治的な決着はスティーヴンソンが忠告したようにはならなかった。島々は一八九九年にドイツとアメリカの間で分割され、イギリスは要求を放棄する代わりにドイツからトンガ、ソロモン諸島、西アフリカを譲り受けた。

　フィリピン、インドネシア、インド、そしてブラジルが今日のコプラ主要算出国だが、ココナッツは少なくとも八十カ国で商業的に生産されており、その中には太平洋地域ではパプアニューギニア、ソロモン諸島、バヌアツが、ほかにもマレーシア、モルディブ（ココヤシが国章になっている）、モザンビーク、タンザニア、西アフリカが含まれている。

Crataegus

サンザシ

メアリー・ ディレーニー（1700-1788）、*Crataegus oxyacantha*（現在は*Crataegus monogyna*とされている）、 セイヨウサンザシ。1776年。黒塗りの背景にグワッシュおよび水彩によって彩色した紙のコラージュ。24.1x19.4cm

サンザシ（ホーソーン）は、ヨーロッパ、アジア、および北アメリカの温帯に自生するおよそ百の種を擁する大きな属に含まれている。中世のイングランドでは広く生け垣に使われていた。その中でいちばん有名なのはサマセットのグラストンベリー・ソーンだろう。これはセイヨウサンザシの変種で、春と冬の二回花をつける*Crataegus monogyna Biflora*だ。この木には、キリストの遺骸を十字架から降ろして

埋葬したとして敬われているアリマタヤのヨセフの伝説があって、特別な存在となっている。この伝説自体は中世の資料に出てくるが、サンザシの木は十六世紀初めまで現われない。十八世紀後半に出た筆者不明のパンフレットは、ウィリアム・ブレイクも読んだ可能性があるものだが、そこでは次のような話が語られている。

［ヨセフは］イングランドへ行って福音を伝道するよう選ばれて任じられた。その使命を果たすため、ヨッパから船に乗り、大いなる困難の中を航海し、数多くの嵐に遭いながら、地中海を抜けて、ついにサマセットシャーのバロウ湾で上陸し、その日のうちに一一マイル旅の足を進め、同じ郡内のグラストンベリーに至った。この場所で巡礼の杖を地面に立てると、土に据えられるや否や、アロンの（神官の座をめぐってアロンと他のユダヤ人の長たちの間で抗争があったときに花をつけた）杖とまったく同じように、花咲くサンザシに変わり、その不思議な奇跡が数多くの見物人を引き寄せ、この驚異を見に来た人々をして彼の説教を熱心に聞かせた。その福音は、人類を救うため、十字架で磔にされたキリストに関するものだった。[*1]

グラストンベリー・ソーンはイングランド内戦のさなかに迷信の遺物だとしてクロムウェル軍が切り倒して燃やしてしまったが、元の木を接ぎ木したと言われるものが植え直された。十八世紀前半には、さらに繁殖を進めるために挿し木用の切り枝が盛んに取引されていたという記録がある。「グラストンベリー近辺にこれの苗床を持っている人物があり、

ウィリアム・ブレイク（1757-1827）、「図案の大きな本」より『ブリテンの人々に説法するアリマタヤのヨセフ』。レリーフ・エッチングに手彩色。7.2x10.8cm
ヨセフが巡礼の杖を手にしている姿が描かれ、それが花咲くサンザシの木に変わる奇跡を予感させる。

「青葉のジャック」の行列。作者不詳。1840年頃。 ペンと茶色インク、 石墨に水彩。27.8x21.3cm

青葉のジャックが木の葉で飾ったかぶり物の中で踊り、両脇には殿様と奥方様、後ろには道化師を従え、子どもの煙突掃除が前を歩いている。

パスクル氏が聞き及んだところによると、一本一クラウン、または得られるだけの金額で売っているとのこと。[*2]」

一四八五年、ボズワースの戦いの後、ヘンリー七世は紋章にサンザシの木を取り入れた。これはリチャード三世が戴いていたイングランドの王冠が盗まれてサンザシの木に隠されたという言い伝えによる。しかし、なんといってもサンザシからいちばん多くの人が連想するのは、春の到来を祝う祭り、とりわけ陽気な五月祭《メーデー》だろう。五月祭はフランス中世宮廷での女性に対する文学的な慣習から、ヴィクトリア朝最盛期における伝統の復活まで、多くの変遷をたどってきた。かつてはチョーサーの作とされた十六世紀初めのパスティーシュ『愛の宮廷』は、五月祭の礼拝で終わっている。

　こうして皆は祭りの賛美を歌った
　行なわれたのは朝まだき頃、それがわが不運
　そして宮廷人は上から下までうち揃い

アーサー・セヴァーン（1842-1931）、『ホワイトランズ十字』。花の咲いているサンザシをかたどった金の十字架。1887年頃。高さ7.8cm

瑞々しい花や枝を摘みに出かける
そしてサンザシを小姓も馬番も持ち来たり
清らかな青や白の花縄を手に
その楽しさに身をゆだねた[*3]

十七世紀中葉、共和国時代のイングランドでは、五月祭を祝うことが禁止されていた。クリスマスの祝いも、その他「迷信的」な慣習なども禁止されたが、一六六〇年の王政復古とともに復活する。十九

ウォルター・クレイン（1845-1915）、『五月祭』、グリーティング・カード用のデザイン。1874年。水彩と金。5.9x8.9cm

世紀後半になると、猥雑な「五月の殿様と奥方様」や「踊る木」とも言われる「青葉のジャック」が、上品な五月女王《メークイーン》に取って代わった。一八八一年、ジョン・ラスキン（85—86ページ参照）がチェルシーのホワイトランズ・カレッジで年に一度の五月祭の式典を開始する。ここは一八四一年にイングランド国教会のナショナル・ソサエティーによって設立された女教師養成学校で、校長のジョン・ピンチャー・フォーンソープ師はアーツ・アンド・クラフツ運動に強い関心を寄せ、ウィリアム・モリスやエドワード・バーン＝ジョーンズにチャペルのための仕事を依頼していた。アーサー・セヴァーンとともに、バーン＝ジョーンズは何種類もの「ホワイトランズ十字」をデザインしている。ラスキンは毎年、学生が仲間の中から「器量最高、愛嬌最高」という条件で選ばれる五月女王にこのホワイトランズ十字を贈った。

　十九世紀後半から二十世紀前半にかけて、サー・ジェイムズ・フレーザー（44ページ参照）などの民

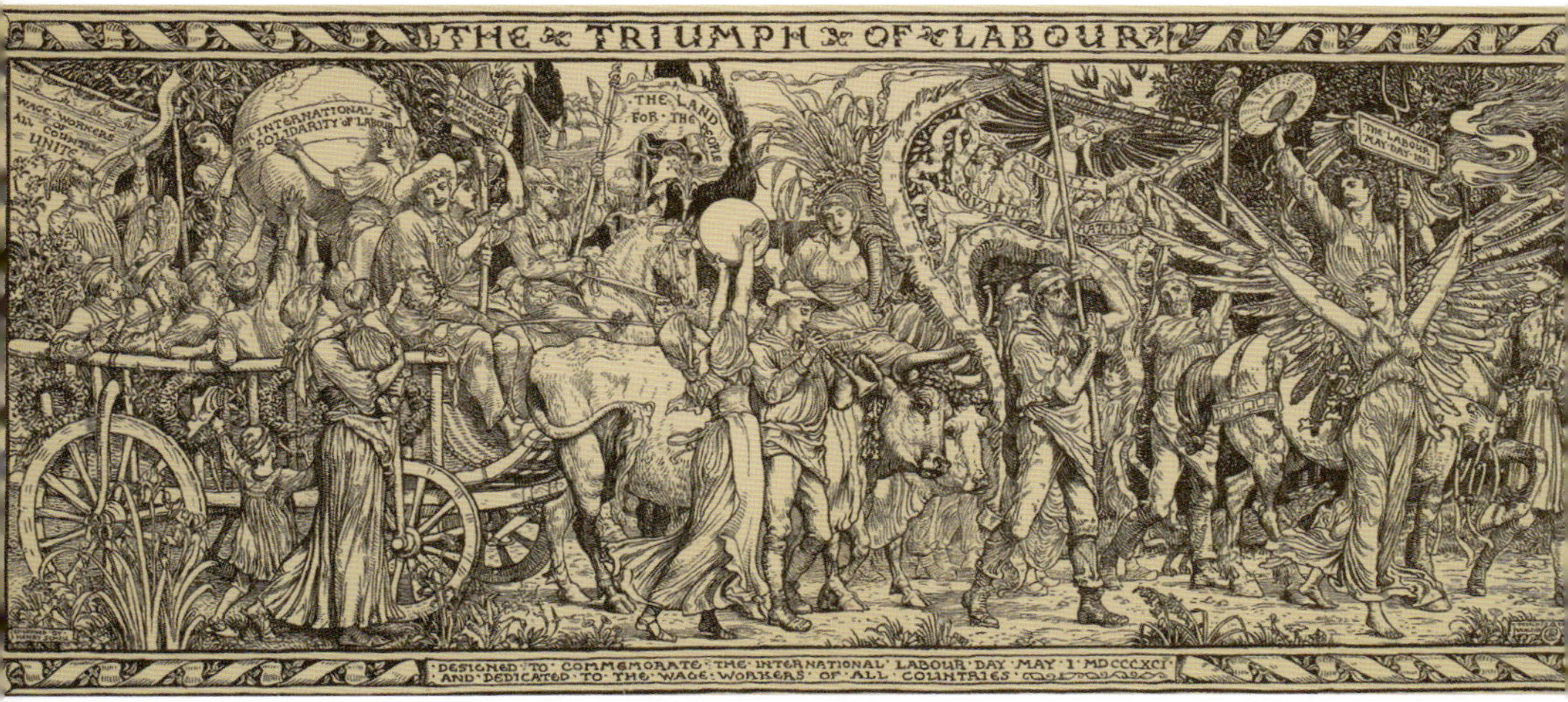

ウォルター・クレイン（1845-1915）、**『労働の勝利』。1891年。**
木版画。34.2x81.3cm

俗学者や人類学者が、ヨーロッパ各地の五月祭を盛んに記録した。それらはアニミズム信仰の痕跡で、ただかつては樹木をはじめとする植物に宿ると考えられていた精霊が今度は人間に乗り移ったのだと解釈された。一八九〇年、国際労働者の日がこの日に定められて、五月祭《メーデー》の神格化が訪れた。後押ししたのは、アメリカで始まった八時間労働制運動である。イギリスでは翌一八九一年に初めて祝典が行なわれ、ウォルター・クレインの有名な版画には「万国の労働者よ団結せよ！／土地を人民に／自由、平等、友愛」というスローガンが躍っていた。クレインは自然の象徴性を好み、ほかにも五月祭のテーマで作品を残している。その一つが友人のジョン・リチャード・ディ＝ケーペル・ワイズ（一八三二―一九〇）の著書『五月一日―妖精の仮面劇』で、クレインはノッティンガムシャーにあるシャーウッドの森を訪れた折りのデッサンに基づいて挿絵を描いた。この本は作者と画家からチャールズ・ダーウィンへの献辞つきで一八八一年に出版されている。

Cupressus

イトスギ

「この木々に仲間入りしたのが糸杉。競技場の折り返し点のしるしのような円錐形をしている。今は木になっているが、元は竪琴と弓の両方に弦を張っている神アポロンに愛される少年だった。」オルフェウス（72ページ参照）の音楽に引き寄せられた木々の中で、オウィディウスは糸杉の名を挙げる。以前はキュパリッソスという少年だったが、愛する友であり、カルタイアのニンフたちが大切にしていた牡鹿を、誤って殺してしまった。悲しみに暮れたキュパリッソスは、永遠に悼んでいたいと神々に懇願し、「終わりなく泣き続けたために血も涸れて、手足が緑色を帯びてきた。先ほどまで雪のように白い額に垂れていた巻き毛が逆立ち、固くなり、優雅な梢となって星空へと伸びていった。アポロンは悲しみにため息をついて言った。『わたしはおまえを悼むことにしよう。おまえは他の者たちを悼み、嘆き悲しむ者の永遠の友となるのだ。』[*1]」

オウィディウスの書いたイトスギは*Cupressus sempervirens*で、イタリアイトスギという名前で広

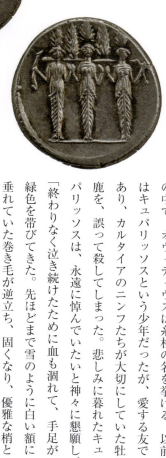

（前ページ）デナリウス銀貨。共和政ローマ。紀元前43年（ユリウス・カエサル暗殺の年）。直径（最大）1.8cm
コインの表面には狩猟と森林の女神、「森のディアナ」、裏面には糸杉の木立を背景にディアナ、ヘカテ、セレネの像が三つ並んでいる。それぞれ魔術の女神、月の女神とされたヘカテとセレネは、ローマ時代以前の女神で、その信仰はディアナに合流していった。

（右）フランス・フロリス（1519/20-70）の原画によるコルネリス・コート（1533-78）の『キュパリッソス』。６枚の連作『牧神』より。ヒエロニムス・コック（1510頃-70）により1565年にアントウェルペンで発行。銅版画。28.5x22.3cm

く知られている。イタリアが原産地ではなく、エトルリア人によってエーゲ海や地中海東部から持ち込まれたと考えられている。キプロス島、クレタ島、ギリシア、トルコ、レバノン、シリアなどに多く自生していたらしい。ローマ近郊アルバン丘陵のネミにあったディアナの神殿の森にもイトスギが植えられ、画家たちがイタリアの風景の象徴としてよく描くものになった（87ページ参照）。この木はキリスト教以前の古い時代から現在にいたるまで、死との関係が深く、キリスト教とイスラム教、両方の墓地によく見られる。

　プリニウスはこの木について気のない記述を残している。「糸杉は異国の木で、育てるのが非常にむずかしい木の一つである。カトーが延々と、また他のどんな木よりも頻繁に書いているのを見ると、なかなか大きくならず、実は口が曲がるような味で、何の役にも立たず、葉は苦く、臭いがきつい。木陰も心地よいとは言えず、材木はほんの少ししか採れない。[*2]」彼は古代の世界で広く栽培される鍵となっ

両脇に糸杉のある女性像。反対ページには花が描かれている。水彩による59人の人物像に花や木の切り抜きが添えられた画帳『トルコとその王、皇帝、または大君主、その征服、宗教、習俗、気質に関する簡単な報告』より。1618年。19.9x13cm（各ページ）
この画帳にはPMというイニシャルがあり、ピーター・マンディー（1600-67活躍）が作者の可能性が高い。マンディーは1611年に商船のキャビンボーイとして生まれ故郷のコーンウォールを出て、数多くの土地へ旅行し、コンスタンティノポリス、インド、中国、日本などを訪れた。

た他の性質にも触れている。シーダー（116ページ参照）と同様、腐りにくいことと、芳香のある油のおかげで、あらゆる種類の建築や——これがノアが箱舟を作った「ゴフェルの木」だと主張した人々もいる——死者の埋葬に重要な材木だった。しかし、糸杉を古今東西の庭園の花形にしたのは、炎のように優雅なその姿と、その装飾性である。古代メソポタミア、そしてローマにほど近いプリニウスその人の別荘から、中央アジアや西アジアのイスラム教君主たちの庭園まで、糸杉が植えられた。ざっと見渡せば、サマルカンドのティムール、彼の庭に触発された北インドのムガル朝のバーブルやその後継者たち、シーラーズやイスファハンに園地を造営したペルシアのサファヴィー朝、さらにはメフメト二世が一四五七年に都をコンスタンティノポリス（イスタンブール）に移し、トプカプ・サライの大宮殿を建造してからは、ボスポラス海峡の斜面に庭園を造ったオスマン帝国の君主たちがいる。ひな壇のように設えた庭園には糸杉、スズカケ、松、柳、ツゲが配置されていた。糸杉を描いた十七世紀前半のタイル板が、宮殿のハレムやブルー・モスクに見られる。

ペルシアの詩歌では、ウマル・ハイヤーム（一〇四八—一一三一）のルバイヤートの冒頭で、糸杉が美の直喩として担ぎ出され、またサファヴィー朝の開祖でハターイーという筆名で書いたシャー・イスマーイールの詩の中で、愛情の表現として使われている。ドヴォルザークは一八六五年に、教え子の女優ヨゼフィーナ・チェルマーコーヴァーの気を引こうと、チェコの同国人グスタフ・プレガー＝モラフスキーの恋愛詩集から糸杉のモチーフをとって、歌曲集『糸杉』を作曲した。ヘンリー・ソローは、ウォールデン池畔の森で

（上）　糸杉に雉子文様のストーンペースト陶器の深皿。　ケルマーン（イラン）　製。1677/8年。直径40.5cm

古くからペルシアへ輸入されていた中国の陶器に触発されたサファヴィー朝時代（1501-1722）のケルマーンの陶工たちは、国内向けに独自のスタイルを発達させた。

（右）　庭園で密林の鳥を献上される貴公子。1590年頃。グアッシュで描かれた画帳の1葉。15.3x9.5cm

描かれているのは、おそらく初代ムガル皇帝バーブル（在位1526-30）の生涯の一場面。その回想録が1589年に挿絵を施された。背景はチャハルバーグ、つまり四分庭園で、4本の水路が中央の池に水を運んでいて、クルアーンに書かれている天国の、乳と蜜とぶどう酒と水で満たされた４本の川を模している。

(左) ジャック・ル・モアーヌ (1533頃-88)、イトスギ (*Cupressus sempervirens*) と蛾のヨーロッパクヌギカレハ。1585年頃。水彩とグワッシュ。21.5x14.5cm

画家ル・モアーヌは1564年にフランスが派遣し、失敗に終わった探検隊に記録係として同行した。1581年、イングランドから国籍付与状を与えられ、サー・ウォルター・ローリーとサー・フィリップ・シドニーがパトロンとなる。この水彩画はサー・フィリップの母レディ・メアリー・シドニーが大英博物館に託した50点のうちの1点。

ひとり暮らしをしたとき（26ページ参照）、自由の象徴として糸杉に魅力を感じていた。随想の中で、彼は中世ペルシア文学の最高傑作シーラーズの長老サアディーが書いた、『薔薇園』（一二五九、ジェイムズ・ロスによる英訳は一八二三）という名で知られる知恵の書を引用している。

人々が賢者に尋ねた。神が創造したたくさんのすばらしい木々の中で、実をつけない糸杉だけを、なぜ自由なもの、つまりアザドと呼ぶのか。賢者はそれにこう答えた。「それぞれの木にはふさわしい実が生り、定められた季節がある。その季節が続く間はみずみずしく花が咲き、それがなくなれば枯れてしおれる。しかし、糸杉はそのどちらの状態にもならず、常に繁っている。そしてこの性質のためにアザド、すなわち宗教から自立した存在だ——過ぎゆくものに心を留めるべきではない。ディジュラ、すなわちティグリス川はカリフの血統が滅びてもバグダッドを流れ続けるだろう。もし手の中に多くがあるなら、ナツメヤシのように気前よく与え、手の中に与えられるものが何もないなら、糸杉のように、アザド、すなわち自由な人であるべきだ。[*3]」

イタリアイトスギは十四世紀の終わりにイングランドへ渡来し、十七世紀半ばになると、装飾的な造園に広く使われた。商人で植物愛好家だったピーター・コリンソン（31ページ参照）は、一七三五年に友人のジョン・カスティ

145　イトスギ

ウィリアム・ パーサー（1790-1852）、『イスラム教の葬儀』。1820-30年。水彩。16.7x24.7cm
パーサーはギリシアとトルコを広く旅した。彼が描いたコンスタンティノポリス（イスタンブール）の風景は、旅行ガイド本の挿絵に多く使われた。

ス（ヴァージニア州ウィリアムズバーグに有名な庭園を造った人物）に実物を送っている。いちばんよく知られているのはこのイタリアイトスギだが、ほかにも一五の種が含まれているイトスギ属は、ヒノキ科（*Cupressaceae*）の一部をなしている。ヒノキ科は、ビャクシン、ヌマスギなど世界中に分布する針葉樹の仲間で、アメリカ北西部の先住民がさまざまなトーテムポールに使ったウェスタンレッドシーダーと呼ばれる *Thuja plicata* もここに属する。大英博物館のグレートコートにはそんなトーテムポールが二本展示されている。

Eucalyptus

ユーカリ

大英博物館のオーストラリア風景園のタスマニアンブルーガム（*Eucalyptus globulus*）。2011年。

アカシア属を別とすれば、ユーカリ属は種の数がいちばん多い樹木である。八百ほどあるその種のうち、一五種を除いて残りはすべてオーストラリアの固有種だ。レッドブラッドウッド（*Eucalyptus gummifera*）が赤っぽい樹液でキャプテン・クックとジョゼフ・バンクスをびっくりさせたのは一七七〇年、ボタニー湾でのことで、この木から採取した種子がエンデヴァー号の航海を耐え抜いた数少ない中の一つだった。初めてオーストラリアからヨーロッパへ送られたユーカリの実物は*Eucalyptus obliqua*（オーストラリアンオーク／タスマニアンオーク／メスメイトストリニーバーク）で、一七七七年のこと。翌年にはロンドン、ケンジントンの園芸業者が苗木を販売していた。

一七八八年から始まったヨーロッパによるオーストラリア植民は、農地のためにユーカリを大量に切り倒したが、二十世紀初めにはその経済的価値がだんだん認識されて、管理がよくなり、森林が再生されるようになった。ユーカリの大きな可能性の一つ

コンラッド・マーテンズ（1801-78）、**「ブルーガムの木」。12枚組の彩色リトグラフ『シドニー近郊のスケッチ』より。1849年。22.8x17cm**
マーテンズは1833年にイングランドを出発し、南アメリカでビーグル号とチャールズ・ダーウィンに合流して沿岸を航海した。さらにタヒチ経由でニュージーランドからオーストラリアへ至り、残りの人生をこの地で過ごし、晩年にはオーストラリア国会図書館の副館長を務めた。

が、薬としての用途である。先住民には昔から知られていたことだが、それを商業的利用に開発したのはイングランドのリーズ出身の薬剤師ジョセフ・ボシスト（一八二四—九八）だ。彼はオーストラリアでドイツ人植物学者フェルディナント・ミュラー（一八二五—九六）と力を合わせ、一八五三年にタスマニアンブルーガム（*Eucalyptus globulus*）からユーカリオイルの精製に成功した。これはとてもよく売れて、今日も大手のブランドには彼の名前が残っているほどである。ブルーガムはオーストラリア全土、そして世界各地に広まり、一部の地域では侵略的外来種とみなされるほどになっている。十八世紀末頃には、ユーカリの種子がヨーロッパのみならず、インドへ、さらに南アフリカ、南米、そしてアメリカ合衆国の特にカリフォルニアへ送られていた。ユーカリ属は一般的によく植林される木の一つとなっていて、材木、パルプ材、工業用高級炭、そして——成長が早いことから——土地の保全に大きな需要がある。

ジミー・モデュク（1942生）、『ヤーパニー（蜂蜜）』。ユーカリの丸太で作られた絵付け棺。ノーザンテリトリー、ラミンジニング。1980年代。高さ152.3cm
ヤーパニー・ドゥワ・ハニーは、北東アーネムランドの人々の分類によると、オーストラリア原産の蜂が作る４種類の蜂蜜のうちの1つ。それぞれの種類には独自の誕生物語がある。オーストラリア国立美術館で1987-8年に展示されたインスタレーション『200本の柱―アボリジニ一追悼』には、200年間のヨーロッパ植民によって奪われた先住民の命を悼んで、ラミンジニングで作られたこのような丸太の絵付け「棺」が含まれていた。

一九九八年にオーストラリアの作家マレイ・ベイルはユーカリを同名の小説でとりあげた。主人公は「無秩序な多様性」に何らかの秩序を作ろうと、ありったけの種類のユーカリを植える男である。分類への熱中、そのために起きる不和、そして再び夢中になるという物語が展開し、冒頭の*Eucalyptus obliqua*（オーストラリアンオーク）から最後の*Eucalyptus confluens*（キンバリーガム）まで、文章に学名がちりばめられている。主人公の娘の愛情を勝ちとるのはニューサウスウェールズの土地に主人公が植えた全種を正しく言い当ててテストに合格す

（左）フレッド・ウィリアムズ（1927-82）、『ゴムの木の森』。1965-6年。エッチング。34.2x27.4cm
フレッド・ウィリアムズは1958年にロンドンからメルボルンへ帰った。オーストラリアの風景を斬新にとらえ、いたるところにあるゴムの木のような特徴を簡潔に表わした。今では多くの人々がその表現を通して実際の風景を見るようになっている。

る男ではなく、著者のように観察と正確さに物語作者の才能を合わせ持つ男なのだ。「そこで、木々は言葉という形で酸素を吐き出した。」

オーストラリア先住民にとってユーカリは、風景の中にあるその他のものすべてと同様、いつも「言葉という形で酸素を吐き出し」ていて、大昔《ドリームタイム》の神話や人間の生き方を作り上げる記号だった。ユーカリは食べ物や薬や住居を与えてくれ、さらに食料の足しになる動物のすみかになる。また、シロアリに食われて空洞となった木から作られる楽器ディジェリドゥーの材料として、文化的な意味も持っている。ユーカリの存在感は、死にまつわる儀式で歴然とする。いくつかの村落ではそのままの立ち木と切り倒した木の幹の両方が彫刻されて墓標とされる。ノーザンテリトリーにあるアーネムランドの人々はくりぬいた幹を棺として使い、死者の体に描いたものとおなじトーテム模様で覆う。二十世紀後半以降、こうした棺は――ほかの樹皮画と同様――儀式での役割とは別に展示や販売のために制作されている。

4-5   Fred Williams

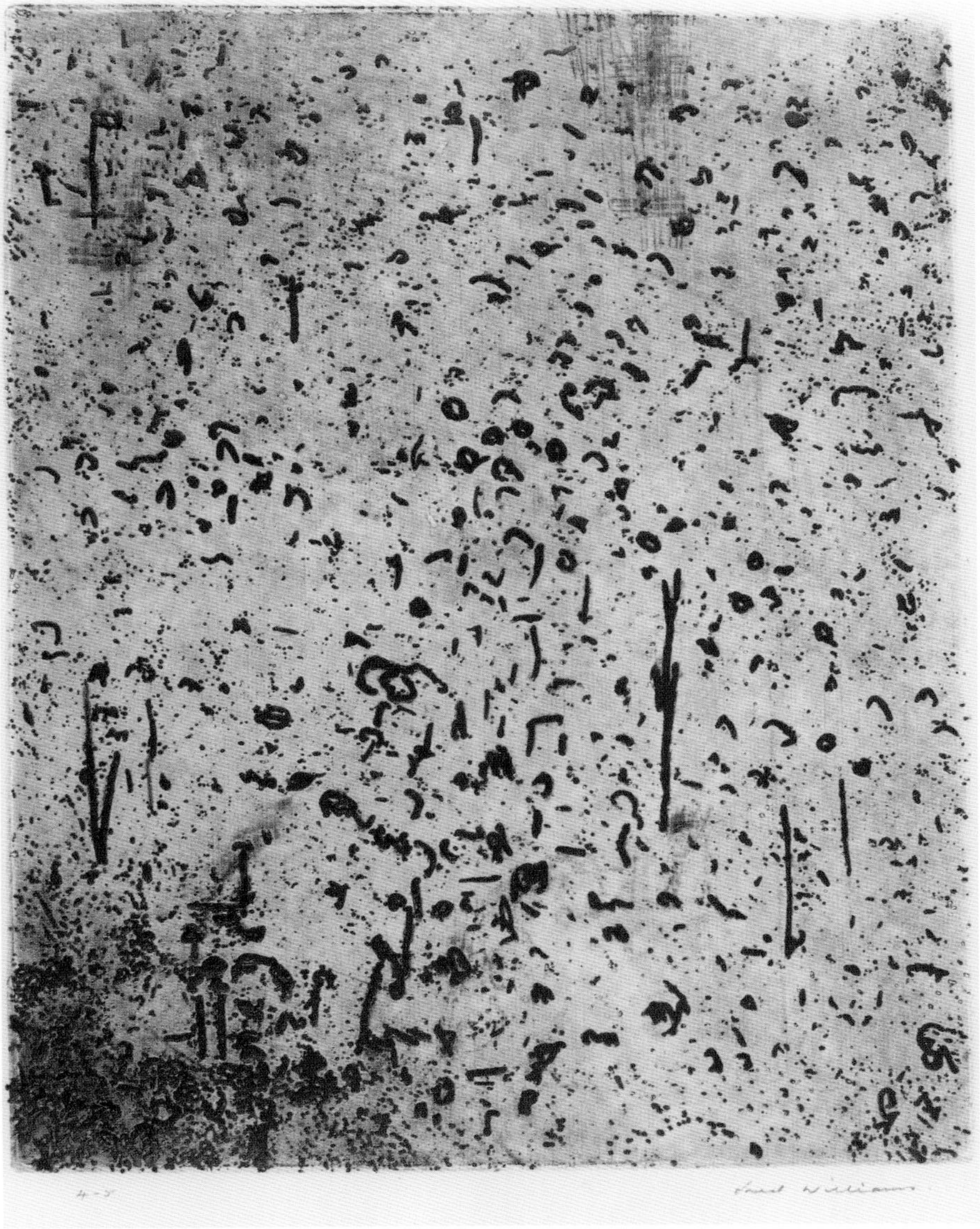

151 ユーカリ

Ficus

イチジク

イチジクはとても秘密主義の果物で
生えているのを見れば一目で象徴的だと感じ、
男性のようだと思う
ところが、よく知るようになると
ローマ人が言っていたように、女性なのだ
D・H・ローレンス、『イチジク』(一九二三年)[*1]

イチジクの木は受粉をハチに頼っている。八五〇近い種はそれぞれが固有のハチに依存しているのだ。ジョン・イーヴリンは、先輩にあたるテオフラストスやプリニウスと同じように、「カプリフィケーション」について書いている。これは食用イチジク(*Ficus carica*)のうち、雌雄両方の花をつけるが受精しないカプリイチジクという系統からとった花房を、雌花だけをつける系統の株に吊るして、ハチに花粉を運ばせる手法である。[*2]

イチジクは多くの種類がアフガニスタンから南ヨーロッパに自生し、とりわけ食用イチジクの栽培は四〇〇〇年以上前から記録に現われていて、プリニ

（下） チャールズ・ ロバート・ レスリー（1794-1859）、 深皿のイチジク[*Ficus carica*]。19世紀半ば。水彩。
10.8x15.3cm

C・R・レスリーはフィラデルフィアで育ち、のちにロンドンで画家になった。1843年には友人ジョン・コンスタブルの伝記を出版している。

（右） ヤシ繊維を渦巻き作りにした楕円形の籠。イチジクとナツメヤシが入っている。エジプト第18王朝（紀元前1550-1292頃）。長さ20.2cm

ウスの『博物誌』には二十九の品種が言及されている。「上質とされたイチジクは乾燥され、箱に収めて保存される。最高で最大のものはイビサ島［西バレアレス諸島にあり、「イチジク島」として有名］で採れる。*3」今日の食用イチジク生産国には、エジプト、トルコ、シリア、アルジェリア、モロッコ、アメリカ合衆国などがある。

プリニウスはまた、ローマの集会場の中にあるイチジクの聖樹について書いている。ローマ帝国の創始者ロムルスとレムスがルペルクスの丘でその木陰に避難したイチジクの木に敬意を表して、雷に打たれた動物がこの木の下に埋められた。スーラと呼ばれるクルアーンの章の一つではイチジクがオリーブとともに登場する。聖書では、エデンの園で名前が挙げられた唯一の木で、イチジクの、太い指をもつ手のひらのような葉は、善悪を知る木の実を食べたアダムとエバが、つなぎ合わせて「腰を覆うもの」を作る材料にした（54―56ページ参照）。原罪とこのようなつながりを持つことで、キリスト教の書

（前ページ）**ユダの死とキリストの磔《はりつけ》。象牙製小箱の羽目板４枚のうちの１枚。ローマ時代後期。紀元420-30頃。7.5x9.8cm**
ユダの足下にはゲツセマネの園にいるキリストのところまで祭司長らを案内したことと引き換えに与えられた銀貨30枚の入った財布がある。

（右）**ウルス・グラフ（1485-1527/8）、「イチジクを呪う」。マティアス・リングマン著『我らが主イエス・キリストの受難』（ストラスブール、1507）への挿絵木版画。1503年頃。24.4x16.5cm**
キリストの司牧と受難を図解する25枚の木版画のうちの１枚。この主題はマタイとマルコの福音書からとられている。キリストがイチジクの木に実がならないようにと言い渡すと、その木は枯れてしまい、使徒たちが固い信仰を持っていればできることの一例とされた。

物ではイチジクの評判に影がさしている。新約聖書では実をつけないイチジクの木が信仰が足りないたとえにされ、またキリストが実をつけていないイチジクを「枯らす」ことで信仰の力を示す証拠にされている。何より不幸だったのは、イエスを裏切ったユダの自殺に結びつけられたことだった。マタイによる福音書の記述によると、ユダは銀貨三〇枚を神殿に返した後、首をつった。ローマ世界では首つりが特に恥ずべきものとされ、またキリスト教会はいかなる自殺も神の恩寵を拒む悪魔の仕業として紀元四五二年のアルル公会議で非難した。イチジクの木とユダの自殺との不幸な結びつきは、七世紀末に聖地へ旅したアイルランドの修道士が実物を見たという話にとりあげられている。

エジプトイチジク（*Ficus sycomorus*）は、主に熱帯アフリカ、ナイル川流域、そして紅海沿岸からイスラエル、ヨルダン、イエメン、オマーンに自生し、古代エジプトではもっとも有用で神聖な樹木の一つだった。木陰と果実と材木が珍重され、死者の書な

メアリー・ディレーニー(1700-88)、*Ficus nitida*、「輝く無花果の木」。1778年。水彩とグワッシュで彩色した紙のコラージュ。28.9x22.8cm

この種は現在では*Ficus microcarpa var. nitida*と同定されていて、バンヤンフィグ、タイワンファイカス、インディアンローレルフィグ、ジンセンファイカス、チャイニーズバンヤン、ガジュマルなどとも呼ばれている。ディレーニー夫人は、親友第2代ポートランド公爵夫人が所有するバッキンガムシャー、バルストロードの領地で、これをはじめとして多くの珍しい植物を目にすることができた。ここは1771年にジョゼフ・バンクスとダニエル・ソランダーが訪問した場所でもある（12ページ参照）。1776年以降、ジョージ３世はメアリー・ディレーニーがバルストロードに滞在中、夫妻でよく訪れ、「植物標本」の進み具合を見守っていた（12ページ参照）。

どによく登場するこの木は、家具の製作に使われ、テーベにある第十八王朝（紀元前一五五〇—一二九二頃）の墳墓では壁面や供物台に描かれていて、ツタンカーメンをはじめとして、死者に供えられた食べ物の中にも見つかる。エジプトイチジクの果実は、早く熟させるために切り込みが入っていてふつうのイチジクと見分けがつく。

エジプトの天空の女神ヌトは、再生をつかさどり、しばしばエジプトイチジクの木の神として描かれている。ネバムンという「［アムンの］穀物倉の書記兼穀物計量係」だった人物の墓の壁画にそれが見られる。ここは死後の世界にある「西の庭園」で、池の周囲にはずっしりと実をつけたナツメヤシ（*Phoenix dactylifera*）、上の方には食用のドームナッツが採れるドームヤシ（*Hyphaene thebaica*）、エジプトイチジク、ふつうのイチジク、マンドレーク（*Mandragora*）の茂みが見える。ヌトは上のいちばん右にあるエジプトイチジクから現われて、その果実を（この断片には姿が見えない）ネバムンに差し出

ネバムンの庭園の池。漆喰に描かれた墓の壁画。
エジプト第18王朝、紀元前1350年。64x73cm

し、天国の庭園へ迎え入れている。

食用イチジクとエジプトイチジクはふつうに地面に根を下ろすイチジクだが、ほかには——イチジク属全体の半数近く——他の植物などに着生するものがある。つまり、水分と養分を大気中から得ながら、

(上) ベンガルボダイジュ(*Ficus benghalensis*)の下に集う7人のヒンドゥー行者。ムガル様式の細密画。1630年。38x21.7cm

(次ページ) ジョージ・ラッセル・ダートネル (1799/1800-1878)。「落雷に遭ったベンガルボダイジュの幹、マラバル海岸」、『多くの国の無価値な断片』 と題するスケッチ帳より。1828年。黒インク、ウォッシュおよび白色ハイライト。18.2x24.1cm
イギリス陸軍の軍医だったダートネルは1823年から1832年まで、スリランカ、ビルマ、インドに駐在し、訪れた場所をこのスケッチ帳に記録した。1835年からはカナダで軍務に就き、1843年にロンドンへ戻って、1854年に病院監察補佐官になった。

気根を下ろして上部に広げた枝を支える。こうした木の中でもいわゆる「絞め殺し植物」は、根が宿主の幹に絡みつくが、そうでないものもあって、たとえばベンガルボダイジュ（*Ficus benghalensis*）などの根は単に地面に向かって下りていく。十世紀のアラブ人歴史学者マスウーディーはその現象を次のように書き記している。

……自然の不思議、植物界の驚異の一つである。大変美しく繁る葉を持つ絡み合った枝で地を覆い、最も高いヤシの木ほどまで空中に伸び上がると、次には反対方向の下向きに曲がり、地中にもぐり込む……それから新しい枝で再び現われ、最初のものと同じように上昇し、下降して地中への道を開く……インド人は人を雇ってこれを刈り込み、またこれが来世に関係するという宗教的な理由から世話をしているが、さもなければこの国を覆いつくし、完全に侵略してしまうことだろう。[*4]

宝石をちりばめた菩提樹の下で説法する仏陀。絹本。中国、唐王朝。紀元701-50年。139x102cm

これはシルクロードの敦煌莫高窟第17窟で1907年に発見された絵画の１点で、非常に古く、また保存状態がよい。

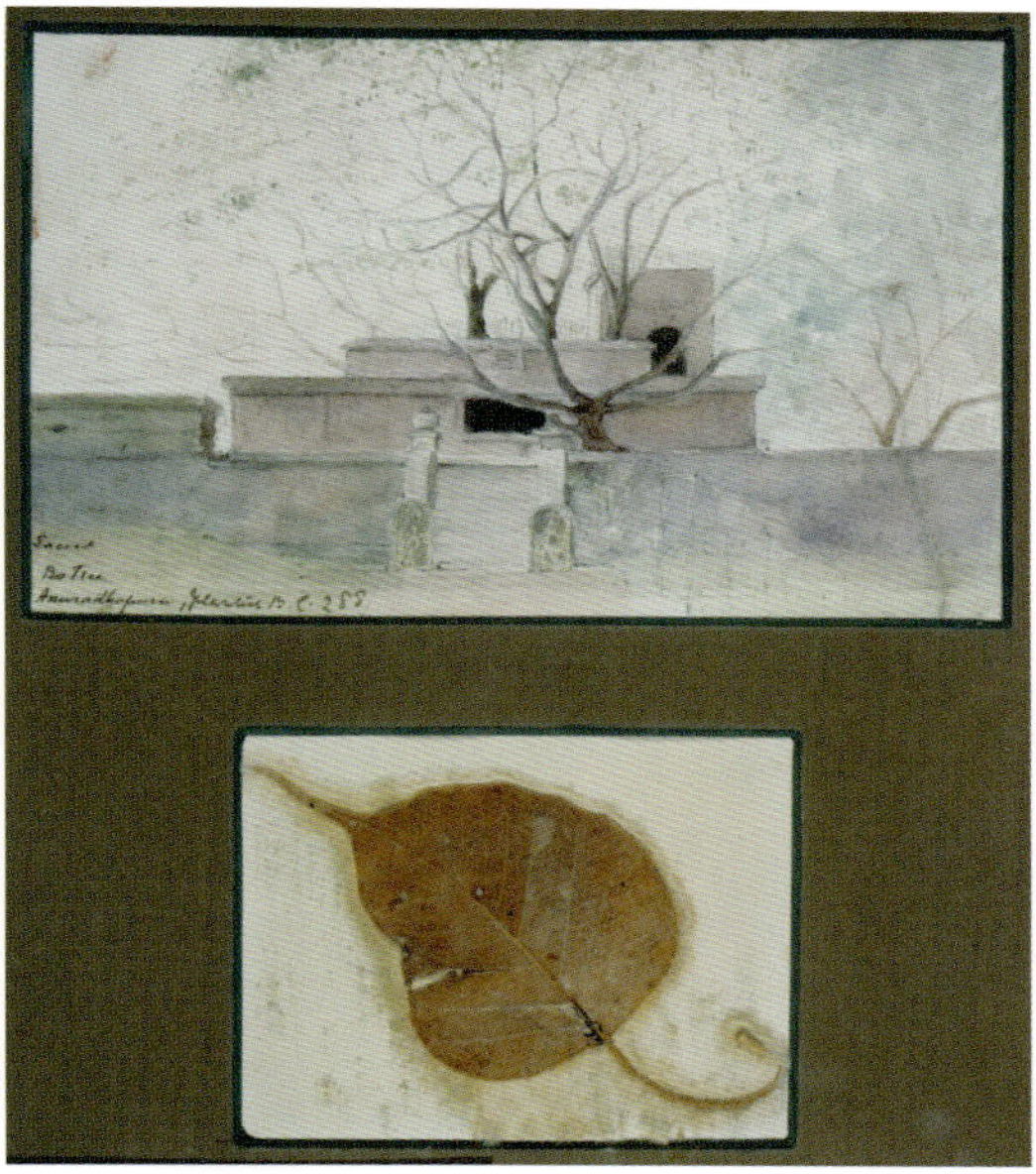

ハリー・ヘマーズリー・セントジョージ中佐（1845-97）、アヌラーダプラ（スリランカ）の神聖なインドボダイジュ。「聖なる菩提樹（インドのピーパル）の葉、アヌラーダプラ―紀元前288年植樹。現在2177歳、89年3月2日採集。H・H・セントジョージ」という書き込みがある。1889年。水彩と菩提樹の葉。12.4x19.9cm（マウント）
アヌラーダプラはスリランカの古い都で、アショーカ王（治世紀元前269-232頃）が仏教をインド全体に広めるため、釈迦の悟りの木の枝を送ったと信じられている。この木は世界最古の菩提樹とされている。

このようなイチジクの木、とりわけベンガルボダイジュに対してヨーロッパ人が与えた名前は「バンヤン」だ。これはグジャラート語で商人を意味する「バンヤ」を写したもので、インドの商人たちがこの木の木陰で取引を行なったことに由来する。ヒンドゥー教の行者で賢者（サドゥー）と呼ばれる人々にとっては瞑想を行なう神聖な場所だった。トマス・ハーバートは一六三四年に、「この宗派にはこの木を崇め、絹のリボンなどの吹き流しでこれを飾る者がいる」と書いている。

バンヤンの中でもっとも広く尊敬されるのはインドボダイジュ（*Ficus religiosa*）で、サンスクリットではピーパルの木またはアシュヴァッタ、仏教では菩提樹と呼ばれる。インドで木が描かれたもっとも古い例はピーパルのもので、インダス文明（紀元前三〇〇〇―一七〇〇）の印章に表わされている。ヒンドゥーの哲学と宗教の基本文書であるヴェーダ（紀元前一五〇〇頃、成文化紀元前六〇〇頃）やウパニシャッド（紀元前五世紀）にも登場している。ピーパルがいかに大切にされたかというと、この木を切り倒すことはバラモン、すなわち聖職者階級の人物を一人殺すのと同罪とされていた。仏教徒にとって菩提樹と言えば仏陀の瞑想と悟りで、これは紀元前六世紀の終わりに北東インドのブッダガヤ、すなわち「悟りの地」と呼ばれるようになった場所の、この木の下で起きたこととされている。今は仏陀の生涯に関わるいちばん重要な巡礼地となっていて、アショーカ王（在位紀元前二六九―二三二）建立と伝えられるマハーボーディー寺院と聖なる菩提樹がある。この菩提樹は、スリランカのアヌラーダプラにあった初代の菩提樹の子孫と伝えられる木からの挿し木で育てられたものである。

（上）サラ・キッザ、「われら団結して立つ」、樹皮布の壁掛け。ラフィアのステッチ、顔料、タカラガイ、ビーズ。2008年。140x100cm
この樹皮布はデザイン・ヘルス・コミュニティー・プロジェクトを通じてウガンダのカンパラで制作された。イギリス、南アフリカ、ウガンダにある3つの大学が後援するこのプロジェクトは、ウガンダのさまざまな工芸集団の女性たちを集めて、保健教育――この作品ではHIV/AIDS――と経済的発展におけるデザインの役割を強調している。

（次ページ）「イツクインテペック文書」。メキシコの絵文書、16世紀。イチジクの樹皮に顔料。85x35cm
この絵文書は地図による歴史の記録で、神話上の定住地、歴史上の古い年代、そして人々の移住が示されていて、ほぼ35の場所が記号で記録されている。

もう一つ、一部のイチジクが参加する経済的用途は、紙と樹皮布の製造で、アジアやポリネシアの各地に産するカジノキ（*Broussonetia papyrifera*）の代用となっている（１０４ページ参照）。そういう種の一つがパシフィックバンヤンと呼ばれる*Ficus prolixa*で、またメキシコでは原産の*Ficus petiolaris*、別名ラーヴァフィグの内樹皮から茶色がかった紙が作られている。古くは十六世紀の絵文書に使われて、スペインによる征服時代にコロンブス以前の歴史や信仰について貴重な記録を残している。この紙はナワトル語でアマトルと言い、そこから「アマテ」という名前が現代アートの一形態に与えられている。ウガンダでは*Ficus natalensis*（ネータルフィグまたはワイルドフィグ）という、南アフリカと東アフリカ原産のイチジクから樹皮布が作られている。樹皮布は歴史的にウガンダ中部に住むガンダ族のものとされるが、ポリネシアの伝統と異なり、製作の技術は父から息子に伝えられていた。最近のコミュニティー・プロジェクトを通して、女性も樹皮布の製作とデザインに関わるようになり、現代の問題に脚光を当てている。

Fraxinus

トネリコ

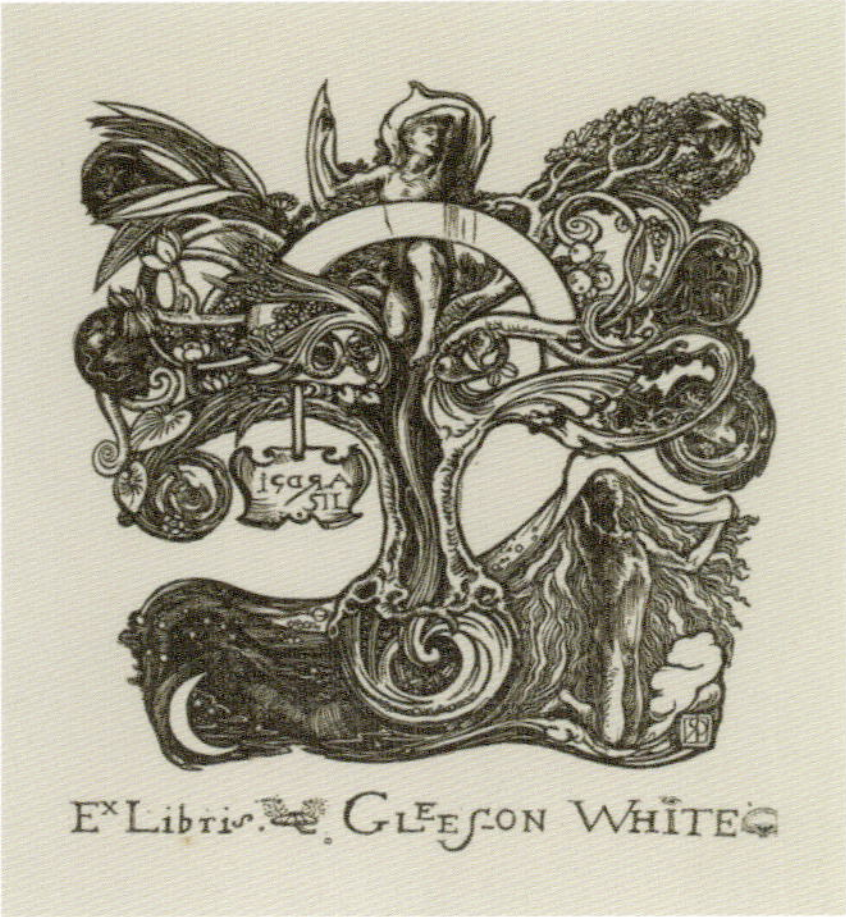

チャールズ・リケッツ（1866-1931）、「ユグドラシル」。グリーソン・ホワイトの蔵書票。1895年。木版画。17.5x15cm

グリーソン・ホワイトは美術評論家で、彼が1893年に創刊した挿絵入り雑誌『スタジオ』は、アーツ・アンド・クラフツ運動に大きな影響を与えた。

トネリコは（名高いオークの次に）あらゆるものに使われる。兵士、……大工、車大工、馬車大工、桶屋、ろくろ師、屋根葺きの役に立ち……矛、槍に弓から……鋤に至るまで。平時にも戦時にも、最も求められる木材である。

ジョン・イーヴリン『樹林誌』（一六六四年）[*1]

トネリコ（*Fraxinus ornus*）は槍の柄に使われた。いちばん有名なのがアキレウスの槍で、トロイア戦争ではこの槍でヘクトールとアマゾーンの女王ペンテシレイアを倒した。「この槍はほかのアカイア戦士には手に負えず、アキレウスだけが使いこなせた。ペリオン山のトネリコの槍。かつてケイロンが勇者たちを討ち取るようにとペリオンの峰で切り倒し、アキレウスの父ペレウスに贈ったもの。」[*2]

スカンディナヴィアでは、トネリコは神話的な待遇を受け、エッダと呼ばれる北欧神話の詩や物語に世界樹ユグドラシルとして登場する。十九世紀後半、中世の北欧サガに対する文学的芸術的興味が高まり、

セイヨウトネリコ（*Fraxinus excelsior*）で作られた刀の鞘。鉄器時代、紀元50-74年。ノースヨークシャー、スタンウィック出土。長さ73cm
1951-2年に行なわれて、この刀と鞘が見つかったスタンウィックの発掘では、当時の一流考古学者サー・モーティマー・ホイーラー（1890-1976）が指揮を執り、出土品はすでに大英博物館に収蔵されていた「スタンウィック・ホード」に加えられた。「スタンウィック・ホード」は1843年に発見された、馬の「面」を含む見事な金属製品群である。

イギリスではサガをアイスランド語から翻訳したウィリアム・モリスが熱心だった。
ヨーロッパの各地では、トネリコの仲間の中でセイヨウトネリコ（*Fraxinus excelsior*）がいちばんよく見られる。この木で作られた、非常に古く、驚くほど保存状態のよい刀の鞘が、ノースヨークシャーのスタンウィック＝セントジョンにある鉄器時代の砦跡から見つかっている。ここには紀元一世紀にイングランド北部の大部分を占めていたブリガンテ族の要塞があった。同じ木材の断片がイギリスにある考古遺跡の多くから出土していて、たとえば、サフォークのサットンフーにある七世紀前半のアングロサクソン船葬墓からは楯と桶が見つかっている。ただ、スタンウィックの鞘は堀の底の沈泥に水浸したまま埋もれていたため、腐敗の原因となる酸素に触れず、そのおかげで例外的によく保存されていた。
北アメリカ東部原産の*Fraxinus americana*（アメリカトネリコ、ホワイトアッシュ）が初めてイギリスで栽培されたのは、一七二四年にマーク・ケイツビ

（左）デイヴィッド・ナッシュ（1945生）、
『トネリコのドーム』。2001年。
石墨。27.5x41.7cm

ペンテシレイアを倒すアキレウスを描いた黒絵式陶器のアンフォラ（ワイン容器）。エクセキアス（紀元前550-530活躍）作とされる。紀元前540-530年頃。高さ41cm
エクセキアスはアテナイで最も優れた黒絵式絵付け師兼陶芸家で、この分野にギリシア神話の際立って独創的な解釈をもたらした。

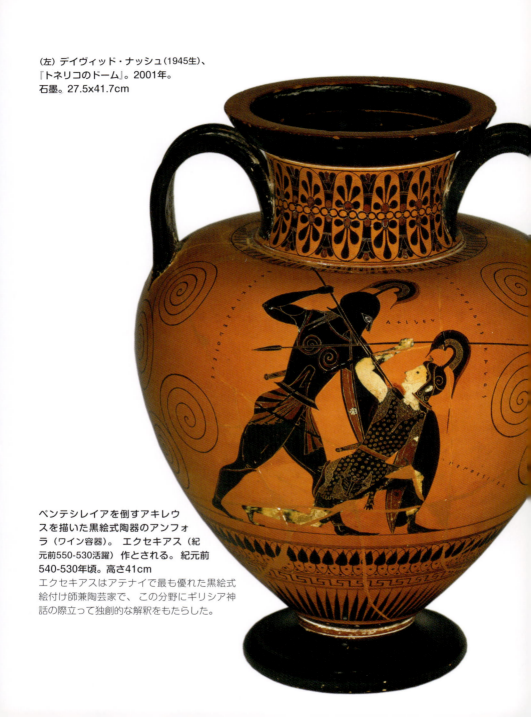

ー（一六八二―一七四九）が送った種子がもとになっている。サー・ハンス・スローンをはじめとする王立協会会員の後援を得て、ケイツビーは北アメリカ南東部の動植物について、初の包括的な調査を行なったのだった。一七六八年、チェルシー薬草園のフィリップ・ミラーは、ホワイトアッシュの需要は高いのに、イングランドでは種子をつけないため、セイヨウトネリコに接ぎ木していると書いている。カナダ東部や五大湖地方を含むアメリカ合衆国北東部原産の*Fraxinus nigra*（ブラックアッシュ、ブラウンアッシュ、ニグラトネリコなど、さまざまに呼ばれる）とともに、*Fraxinus americana*はアメリカ先住民にとって物作りの素材や薬草として重要な植物だった。喫煙用のパイプ作りに使われ、その軸はフランス語で葦または筒を意味するシャルメルまたはシャリュモーから、カルメットと呼ばれていた。タバコをはじめ、スイートグラスやシーダーの樹皮などの喫煙は、治療や雨乞い、交易や戦争と平和に関わる祭りの儀式として行なわれていた。北アイルラン

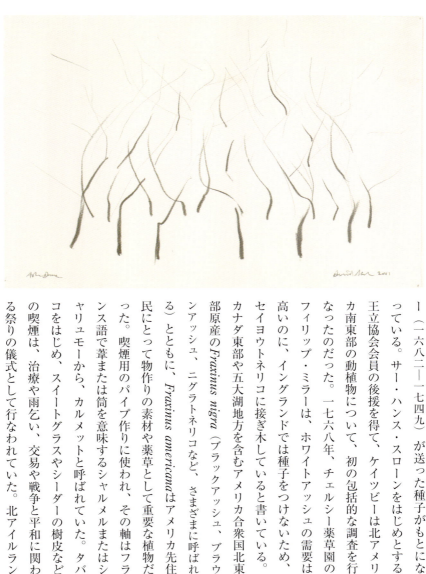

（右）バッファローの頭部やハクトウワシなどの絵文字による装飾が施されたパイプの軸（カルメット）。木材の随は取り除けるので、喫煙のための管を作ることができる。木製（トネリコ材）、腱、鉛、馬の毛。1825年以前。長さ114cm

ドのファーマナから十八世紀後半に移民して一財産作り上げたブライアン・マランフィーは、取引や交換によってアメリカ先住民による工芸品の一大コレクションを収集した。このコレクションは一八二五年に彼が息子をランカシャーのイエズス会ストーニーハースト・カレッジに遊学させたとき、一緒にイングランドに送られる。その中には四本のカルメットがあり、そのうちの一本はトネリコで作られた盟約のパイプで、ハクトウワシの印がついている。多くのアメリカ先住民が神聖な鳥と考え、一七八二年以来アメリカ合衆国政府の象徴となっている鳥である。

トネリコは曲げやすく、しかも丈夫なので、木造の枠組み構造に最適だ。それがデイヴィッド・ナッシュという、人間と自然の関係を探究することに専念してきた芸術家の「生きた彫刻」に取り込まれている。「トネリコのドーム」というプロジェクトは一九七七年二月に、北ウェールズのスノードニアで二二本の苗木を植えること

（次ページ） ジョン・コンスタブル（1776-1837）、トネリコの習作。1823年。石墨。25.9x17cm
このデッサンはロンドン北部のハムステッド・ヒースで制作され、「ハムステッド、1823年６月21日。昼がいちばん長い日。午後９時。トネリコ」と、画家本人による書き込みがあって、彼が季節や時間の経過による違いに関心を持っていたことが示されている。

で始まった。三十年間でドームに覆われた空間を作り出すという計画である。二〇〇一年から二〇〇五年にかけて、ナッシュは木がこの形に成長していく様子を一連のスケッチに描いた。環境保護論者だったロジャー・ディーキン（一九四三―二〇〇六）は、デイヴィッド・ナッシュの「トネリコのドーム」に敬意を表して、サフォークに「トネリコのあずまや」を作った。

それは二列に植えたトネリコの若木で、ゴチックのような形のアーチが連なって小さな教会のようになっている「ある十八世紀の説によれば、ゴチック建築は並木道の効果を真似ようとしていた」。わたしは二十年前にそれを植えた。……数年前、七フィートから八フィートの高さになったとき、向かい合う若木をお互いに向かって曲げ、それぞれを相手に接ぎ木した。二本の木は一緒に成長をはじめ、二つの根がありながら、維管束系は一つという、一つの有機体となった。……この樹木溶接が作り出したのは、驚くほど安定した構造で、木組みの家屋とまったく同様にできあがった。[*3]

1762年頃植えられた
王立キュー植物園のイチョウ。

Ginkgo biloba

イチョウ

Ginkgo（イチョウ属）は「生きた化石」で、*biloba*（二裂を意味する種小名は葉の形から）は約二千万年をさかのぼる化石記録から判明している多くの中からたった一つ残った種である。中国が原産で、未来仏弥勒菩薩《みろくぼさつ》や孔子（紀元前五五一―四七九）と特に深いつながりがある。そこから、中国、韓国、日本で寺社に植えられるようになった。イチョウは、ドイツ人博物学者エンゲルベルト・ケンペル（一六五一―一七一六、105ページ参照）がヨーロッパ人に紹介した中でいちばん有名になった植物である。一六九一年に長崎で初めてイチョウを目にしたケンペルは、こう書き記した。「もう一種、ギンナンというナッツがあって、大きなピスタチオナッツの形をしている。これはこの国のいたるところで穫れ、ホウライシダに似た形をした葉をもつ、美しくて信じられないほどの大木に生《な》る。この木はイチョウノキと呼ばれ、油が多くの用途に供されている。[*1]」さらに重要なことに、ケンペルは一六八三年から一六九三年まで、ロシア、ペルシア、アラビア、日本を

めぐった旅で目にした、イチョウやカジノキを初めとする植物について、豊富な挿絵の入った本を一七一二年に出版した。この『廻国奇観《かいこくきかん》』はサー・ハンス・スローンの興味をひき、ケンペルが一七一六年に亡くなると、ハノーファーにいたジョージ一世の侍医をケンペルの故郷レムゴーに派遣して、原稿や「天然および人工の珍品多数」というコレクションを買い取った。この品々は一七五三年にスローンのコレクションの一部として大英博物館に収蔵され、現在は自然史博物館、大英博物館、大英図書館に分割されている。さらに、スローンはケンペルの未刊の原稿『今日の日本』を翻訳させ、それが一七二七年に『日本誌』として刊行された。この本はたちまち注目を浴び、翌年には再版されるほど読まれて、

（上）マックス・ロイガー（1864-1952）、イチョウの葉がデザインされた陶製タイル。1900年頃のデザイン。20.4x20.4cm
ロイガーは、生まれ故郷のドイツ南西部レラハに近いカンダーン美術陶磁器（KTK）工場で、1895年から1913年まで美術陶器部長を務め、しばしばペルシアや東アジアの装飾に想を得て、樹木や植物をモチーフとした非常に独創的な陶器を制作した。

（次ページ）イチョウの葉をかたどった金象嵌の鉄製鍔。19世紀。高さ7cm

マシュー・ペリー提督が一八五三年に日本を開国させるため出発したとき携えていた中の一冊でもあった。

ヨーロッパでは早くも一七五〇年代にはイチョウが植えられていたようで、ロンドン東部でマイルエンド種苗園を営んでいたジェイムズ・ゴードンが栽培していたという記録がある。もしかすると、キュー植物園に今も生えている、イギリス最古のイチョウは、ここから来たものかも知れない。[*2]

ゲーテはイチョウに魅せられた多くの文筆家や芸術家の一人だった。その詩『イチョウ』は、当時ゲーテが夢中になっていた女性、マリアンネ・フォン・ヴィレマーに捧げられている。一八一五年九月、彼はこの詩の草稿に、その月に二人一緒に訪れたハイデルベルク城の庭園のイチョウの葉二枚を添えて、彼女へ送った。

わたしの庭に命を託された
東洋から来たこの木の葉は
隠された意味の楽しみで
物知りの目を開いてくれる
これは一つの生命体が
自分の中で分かれたものなのか
それとも互いを選んだ二つが
一つに見えるようになったのか[*3]

清田雄司（1931生）、『大樹昇龍』。2000年。木版画。103x72.5cm

これは大英博物館が同じ作者から購入した数点の版画の中の一点で、同時に購入した中には異なる神社のイチョウを描いた版画が３点あった。「室生村の山里、古大野の神明神社に樹齢1000年の大銀杏が境内の樹たちや、人々の諸々のおもいを背負い仁王像のようにふん張り、くねり、のたうちながら空を指す。その勢いは、龍が天に昇る烈しいエネルギーのほとばしりにも見え、尚、盛生の意欲を漲らせて山里に繁生の気を送る。」（清田雄司、大英博物館収蔵に寄せるわがおもい、2004年）

日本の美術や意匠は十九世紀後半のヨーロッパにとても大きな影響を与えた。イチョウはフランスの装飾様式アール・ヌーヴォーや、そのドイツ版ユーゲント・シュティールで、印象的なフォルムの一つとして、写実的にも幾何学的にも利用された。イチョウの木は今も園芸家のみならず、芸術家をも引きつけてやまない。二〇〇五年にギルバート・アンド・ジョージ（一九四三生まれと一九四二生まれ）はヴェネツィア・ビエンナーレのイギリス館のために二五点の新作を制作したが、そのすべてにイチョウの葉の形が取り込まれている。イチョウは補完医療に広く使われ、大気汚染に強いことから、あらゆる逆境に耐えて生き残ることの象徴と見られるようになった。広島では、一九四五年に原子爆弾が投下された爆心地に、今も四本のイチョウが枯れずに残っている。

1/10　大樹昇龍　　岩手村訳町、神明神社大銀杏樹　2000　Y.Kiyo.

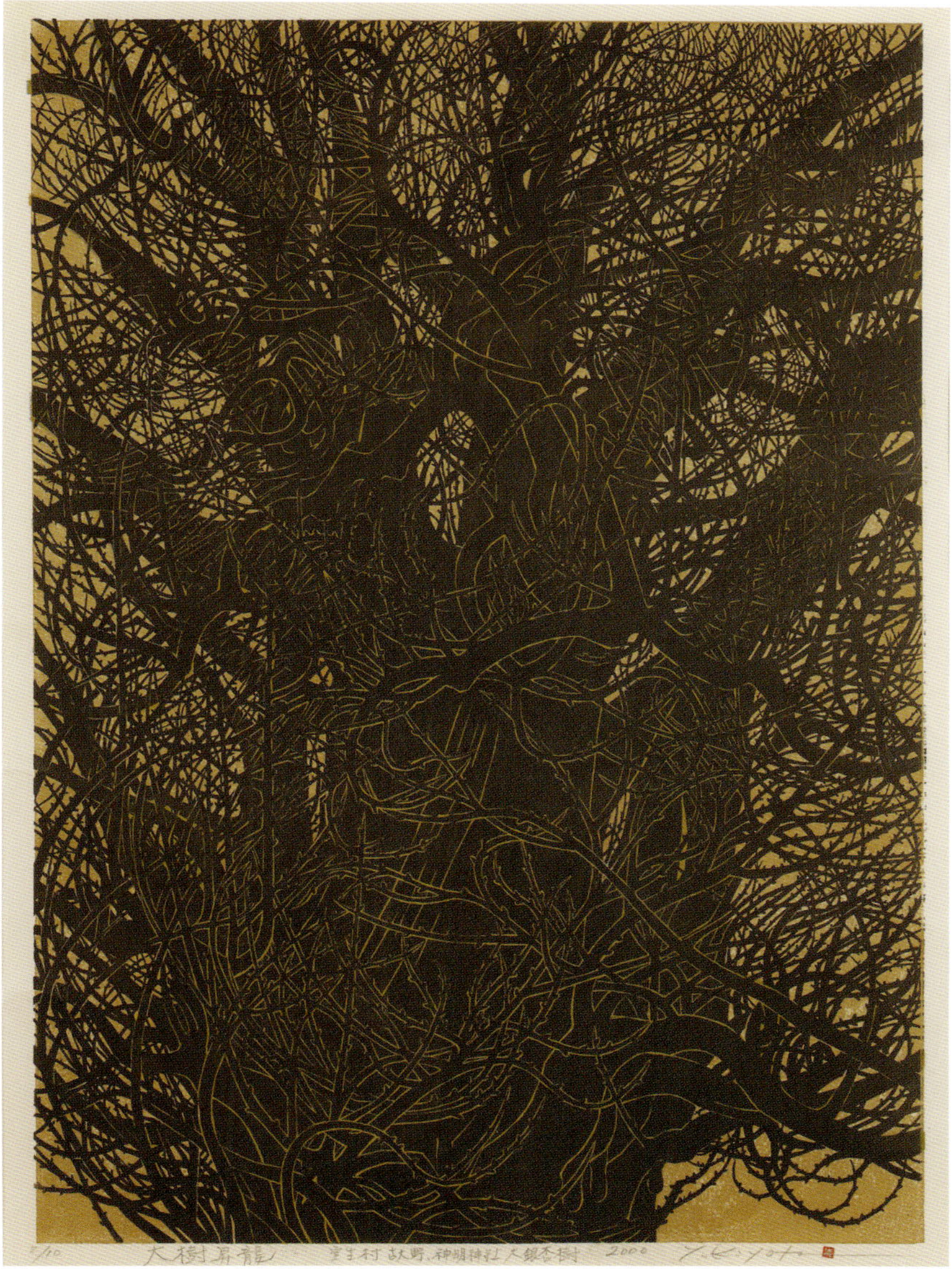

175　イチョウ

ユソウボク（*Guaiacum officinale*）材の、ドゥオと呼ばれる腰掛け。15世紀。 長さ44cm

ドゥオは権力の座で、首長やシャーマンが先祖の男性の霊魂にとりなしを頼むために使われた。 金の打ち込み象嵌が目に施されていて、超自然の世界を「見る」能力のしるしとなっている。これはサントドミンゴ（ドミニカ共和国）の洞窟で発見されたと伝えられ、その後20世紀前半にロンドンで海外の民具を収集販売していたW・O・オールドマンの手に渡った。

Guaiacum

リグナムバイタ

リグナムバイタは熱帯産の硬材で、カリブ海地方、フロリダ、バハマ諸島、中南米の一部地域に分布するバハマユソウボク（*Guaiacum sanctum*）またはユソウボク（*Guaiacum officinale*）の心材である。*Guaiacum sanctum* はバハマの国樹、*Guaiacum officinale* はジャマイカの国花とされている。十六世紀前半、スペイン人によってヨーロッパに初めて紹介されると、その強さと、油分が多く自然につやが出る性質、そして薬効から、ほどなく広く求められるようになった。樹脂は、呼吸器疾患、皮膚病、痛風、梅毒などさまざまな治療に使われ、そこから「生命の樹」のラテン語 lignum vitae（英語読みでリグナムバイタ）という名で呼ばれる。船乗りや船大工にとっては、帆船の時代から、蒸気船、潜水艦の時代に至るまで、あらゆる航海計器、歯車や軸受けなどの可動部品、そして船の構造材に最適な材木だった。

リンネは、ハンス・スローンが収集した標本のスケッチに基づいて *Guaiacum officinale* の学名をつけた。総督となった第二代アルベマール公爵付きの医者として、スローンが一六八七—九年、ジャマイカに滞在したときの収集品である。滞在はわずか一年四カ月で終わったが、この経験はスローンの植物に対する知識と興味に画期的な影響をもたらした。その著書『ジャマイカの博物』（一七二五）に、スローンはアイアンウッド（*Guaiacum officinale* の一般名の一つ）について次のように書いている。「この木の材質はとても堅く、色は薄い黄色でツゲに近い。灰色の樹皮に覆われ、高さは二〇フィート（六メートル）に達して数多くすべての方向へ枝分かれする……ジェイムズ・リードがバルバドスからこの木を一本持ち来たった……彼によると、これは歯車作りに適しており、太陽にも風にも傷まず、堅さのあまり工具が壊れるほどだという。」スローンはさらに、この植物の薬効についても、初めての詳細な解説を書いている。

リグナムバイタをもっとも目覚ましい方法で使ったのはタイノ族という先住民族で、コロンブスが一四九二年にカリブ海に到着した当時、バハマ諸島、大アンティル諸島（キューバ、ハイチ、ドミニカ共和国、ジャマイカ、プエルトリコ）、ヴァージン諸島、そしておそらくはフロリダ半島の一部地域で暮らしていた。彼らは最高に神聖な品々に、*Guaiacum*

(上) アイアンウッド (*Guaiacum officinale*)、1687-9年にサー・ハンス・スローンの植物標本コレクション用に収集されたもの（ロンドン、自然史博物館）。

(次ページ) 男性の木像、ユソウボク製。15世紀。高さ103.5cm
1803年の記録によると、この像は1792年にジャマイカ、カーペンターズ山地の洞窟で発見された。背中には背骨がむき出しになっていて、これが霊魂の世界に関わっていることを強調している。また前面の硬直したポーズは、幻覚が憑依していることを示すものだった。

（タイノ語グヤカンのラテン語形）の堅さ、耐久性、そして何よりその黒さを珍重した。リグナムバイタ材で人間をかたどった品ほど霊力の強いものはない。タイノ族の世界ではいろいろなものに霊魂が宿り、亡くなった祖先の男性の霊魂にはセミと呼ばれる生命力が吹き込まれる。セミは、目に見えるものと見えないものを含めて、さまざまな形をとることができる。黒は夜を表わし、目に見えない精霊の国に色がないことと同一視されたらしい。タイノ族は神聖な品物を洞窟に隠したようで、ここにお見せしたものも洞窟で発見された。おそらくは雨風をしのぎ、また外からの侵入者の目を避けたのだろう。こうした品々には残ったものもあったが、タイノ族自身はヨーロッパの疫病――主に天然痘――によって人口が激減し、彼らが大いに珍重した木材は今や「絶滅のおそれのある野生動植物の種の国際取引に関する条約」（ワシントン条約）のリストに載っている。

Laurus nobilis

ゲッケイジュ

ニコラ・ダ・ウルビーノ（1480頃-1537/8）、錫釉陶器の深皿。オウィディウスの物語の場面（アポロンとピュトン、クピードーとアポロン、ダプネーを追いかけるアポロン）がゴンザーガ家の紋章とともに描かれている。1524年。直径27.1cm
場面の右端に見えるダプネーは、アポロンが彼女に迫って来る中でまさに変身を遂げている瞬間で、彼女の父、川の神ペネウス（下方に見える）が彼女を魅惑的な美しさから解放している。この図柄はヴェネツィアにおける印刷黎明期の傑作『大衆のためのオウィディウス変身物語』（1497）の木版挿絵からとられている。

「月桂樹」を意味する名前のニンフ、ダプネーは、オウィディウスの『変身物語』の中でも代表的な話の主人公である。

まだ祈り終えないうちから、彼女の手足を重い倦怠感が襲い、柔らかな胸は薄い樹皮で包まれ、髪は葉に、腕は枝に変わっていき、さっきまであれほど早かった足は、動かない根にしっかり捕らえられ、顔は梢となった……木になってからも、アポロンは彼女を愛した……おまえはわたしの妻になれないのだから、せめてわたしの木になってもらおう。わたしの髪も、竪琴も、矢筒も、つねに月桂樹で飾られる。カピトリウムの丘が長い凱旋の行列を目にし、喜びの声が勝利の歌を響かせるとき、おまえはローマの将軍たちに付き添う。さらに、おまえは、アウグストゥス宮殿の門の両脇に、忠実な番人として立ち、中央に懸けられた樫の葉飾りを守る。そして、髪を切ったことのないこのわたしの頭がいつも若々しいように、おまえも、常緑の葉の美しさを保つがよい。*1

ルネサンス有数の有名な食器セットの大皿に、ダプネーが月桂樹になった変身譚が見事に描かれている。一五二四年にエレオノーラ・デステがその母マントヴァ侯妃イザベラ・デステのために作ら

マルカントニオ・ライモンディ(1470/82-1527/34)、パルナッソスのアポロン。1510-20年。エングレーヴィング。35.8x47cm
９人のムーサや古今の詩人を伴ったアポロンが月桂樹の木立に囲まれている。この作品はラファエロが1511年にローマ、ヴァティカンの「署名の間」に描いたフレスコ画の初期の下絵に関係がある。

ギリシア語の書き込みがある月桂冠の石モザイク。トルコ、ハリカルナッソス（ボドルム）出土。紀元４世紀。114x114cm

「ハジ・カプタンという老トルコ人所有の」土地で1856年12月にこのモザイクが発見されたときの様子を、後に大英博物館の古典時代遺物保管員となったサー・チャールズ・ニュートンが書き残している。中に書かれている言葉——健康、生命、歓喜、平安、愉快、希望——は、「この別荘の主がこの廊下を往き来するたびに目にして、とても心地よい言葉だった」という。（*Travels and Discoveries of the Levant*, II, London 1865, vol. 2, p.80）

せたものだ。ゲッケイジュ（*Laurus nobilis*）は、スイートベイ、ベイツリー、ローレル、ローリエなどとも呼ばれ、地中海地方原産の芳香性の常緑樹で、つやのある緑色の葉をもつ。古代ギリシアで月桂冠に使われ、それがデルポイでアポロンに敬意を表して開催されるピューティア大祭で勝者に与えられた。この象徴性はローマ人にも引き継がれたが、彼らにとってこの木にはもう一つ特別な意味が加わった。リウィア・ドルシッラ（紀元前五八―紀元二九）がローマの初代皇帝アウグストゥスと婚約したとき、鷲が月桂樹の枝を彼女の膝に落としたのだ。

卜占《ぼくせん》官たちはこの鳥とその子孫を保護するよう、また枝は植えて宗教的配慮をもって守

（上）ニコラス・ヒリアード（1547頃-1619頃）、「危険回避祝い」。スペイン無敵艦隊の撃退を祝い、エリザベス女王を表わす「ER」の文字を入れた、打ち出しと鋳造による金製のメダル。1589年頃。直径4.4cm
裏面には島の上に月桂樹が、雷と嵐にも無傷で立ち、「危険さえも影響せず」との銘が（ラテン語で）添えられている。

（次ページ）月桂冠を戴いたローマ皇帝クラウディウス（在位紀元41-54）紅縞瑪瑙（サードニクス）のカメオ。紀元41-50年。高さ6.2cm

るように命じた。この事件は、……カエサルの別荘で起こった。……こうして植えられた月桂樹は森となって繁る。後にアウグストゥスが凱旋行進を行なったとき、その手にはこの最初の月桂樹から取った枝を持ち、頭にはやはり同じ木の葉で作った月桂冠を載せていた。そしてこれから後は、すべての皇帝がこれに倣ったのだ。*2

プリニウスは月桂樹が「人の手で植え、我らの家に受け入れた」樹木の中で唯一雷が落ちたことがない木だと書いている。この奇跡的な性質が「危険回避祝い」メダルの図柄のアイディアになった。イングランドのエリザベス一世が一五八八年にスペインの無敵艦隊による「嵐」を、月桂樹のように無傷で乗り切ったことを祝って発行されたメダルである。

ゲッケイジュ属を含むいくつかの属の樹木でゲッケイジュに似た葉をもつ常緑の堅木の森は照葉樹林《ラウリシルバ》と呼ばれ、かつては大西洋東部の島々——マデイラ、アゾレス、カナリア諸島西部、カーボヴェルデなど——とアフリカ本土の北西部を覆っていた。そのあまりに多くが失われてしまったため、マデイラ島に残る最大の森が一九九九年、ユネスコの世界遺産に登録されている。

Malus

リンゴ

たいへん広く栽培され、記号として多くのものを表わす果樹の代表格、リンゴは文学的にも視覚的にも西洋文化のいたるところに現われるモチーフである。ヘスペリデスの園、パリスの審判やアダムとエバの原罪から白雪姫、ニューヨーク市、ビートルズのレコード・レーベルや世界的なエレクトロニクス会社まで、その例には事欠かない。連想されるものも、官能的な愛や致命的に危険な魅力から、壮健さ、健全な幸福や自然の恵みまで多岐にわたる。セイヨウリンゴ（*Malus pumila Mill*）の創出に、人類は自然と同じくらいの役割を果たした。何千年にもわたる栽培の歴史が、世界各地で七五〇〇を超える栽培品種を作り出したのだが、そのすべてはシンキョウヤヘイカ（*Malus sieversii*）と共通の――最近のDNA解析で証明された――先祖をもっている。シンキョウヤヘイカは中国とカザフスタンを隔てる天山山脈原産の野生リンゴなのだが、この両国はリンゴに並々ならぬ縁がある。カザフスタンの旧首都アルマトゥイはかつてアルマアタ（「リンゴの父」つま

ペリーノ・デル・ヴァーガ（1501-47）、『ウェルトゥムヌスとポモナ』1527年頃。赤チョーク。17.6x13.7cm
このデッサンは大英博物館創設時のサー・ハンス・スローンによる遺贈に含まれていたもので、オウィディウスからとった「神々の愛」というテーマによるエングレーヴィング連作のための習作である。さまざまに変身できるウェルトゥムヌスは「年齢の飾り」を脱ぎ捨てて「逞しさあふれる」姿を現わした。求めていたのはポモナのリンゴではなく、このニンフ自身なのだ。「彼は実力行使におよぶつもりになっていたが、その必要はなかった。ニンフの方がこの神の美しさに魅了され、彼と同じくらいの情熱に打ちのめされていたのだ。」（『変身物語』767-72）

（前ページ）イーディス・ドーソン（1862-1928）、『エゾノコリンゴ』、1910-13年頃。色刷り木版画。14.8x19.6cm
エゾノコリンゴ（*Malus baccata*）はアジアの大部分に自生する。イーディス・ドーソンは夫とともに、アーツ・アンド・クラフツ運動の七宝細工と装飾デザインで活躍した。

り「リンゴがあるところ」の意）と呼ばれていたし、中国は今日世界最大のリンゴ輸出国である。

シンキョウヤヘイカの種子は約一万年前に中央アジアの、後にシルクロードとして知られるようになるスーパーハイウェイ沿いに広まっていった。リンゴは古代メソポタミアでも、遅くとも紀元前二〇〇〇年代には栽培されていた。そこから、古代ギリシアで果樹園によく見られる木になる。ホメロスの『オデュッセイア』では、主人公のオデュッセウスが父ラエルテスに対して、自分が本物の息子だと納得してもらうために、子どもの頃に植えてもらった木々を明かしている。「梨の木を十三本、りんごの木を十本、いちじくの木を四十本く

ウォルター・クレイン（1845-1915）、ヘスペロスの娘たちを深紅の地に金のラスター彩で描いた陶器の花瓶。ピルキントン社の工場で制作。ランカシャー。1906年。高さ33.9cm

世界の西の果ての楽園（かつては西アフリカ沖合のカーボヴェルデの場所と考えられていた）に住む「夕べのニンフたち」の詩的な姿の美しさは、クレインと同時代の画家フレデリック・レイトン卿が1892年に描いた『ヘスペリデスの園』に生き生きととらえられている。

ヘスペリデスの木のかたわらに立つヘラクレスのブロンズ像。紀元1世紀。高さ104.5cm
この彫刻が見つかったビュブロスは、レバノンのシーダー材出荷に使われたフェニキアの港で（116ページ参照）、紀元前64年から紀元395年までローマの支配下にあった。チャールズ・タウンリー（1737-1805）が作り上げたローマ彫刻コレクションの一部だったのを1805年に大英博物館が購入した。

ださいました。[*1]」アレクサンドロス大王のアケメネス朝ペルシアへの遠征は、遠くサマルカンドに近いバクトリアのソグディアナ砦までおよび、お抱えの造園師たちに中央アジアだけでなく、もっと故郷に近いメソポタミアや小アジアのリンゴの木からも、接ぎ木用の枝を入手する機会を与えた。ローマ人はいち早く接ぎ木の技術を身につけ、シンキョウヤヘイカをワイルドクラブアップル（*Malus sylvestris*）に接ぎ木することによってリンゴをヨーロッパ各地へ広める。野生でも残っているが、ワイルドクラブアップルはその華やかな姿から、庭木としても栽培されている。

　具体的な園芸の詳細が、オウィディウスによるウェルトゥムヌスとポモナの神話に見えている。

ALBERT9
DVRER
NORICVS
FACIEBAT
1504

（前ページ）アルブレヒト・デューラー（1471-1528）、『アダムとエバ』。1504年。エングレーヴィング。25x19.2cm
デューラーはこのエングレーヴィングのために何点かの習作を描いたが、そのうちの２点が大英博物館にある。エバの姿が特に彼の関心の的で、人体のプロポーションを研究した成果が表われている。

（右）金箔を貼った銅製の懐中時計。パリスの審判を描いたエナメル装飾が施されている。ムーブメントはバイエルン、フライベルクのレーンハルト・エンゲルシャルクが製造。1650-60年。直径５cm
裏蓋には、パリスの審判から生じた結果の一つ、ヘレネーの誘拐が描かれている。16世紀初めの南ドイツで懐中時計が作られていたことについては文書による証拠がある。フライベルクはその中心地だった。

この王［アウェンティヌス］の治世下にポモナも生きていた。ラティウムの森ニンフの中で、彼女ほど園芸が巧みな者はいなかったし、その名が「果実」に由来するだけあって、果樹を育てることにかけて、彼女ほど熱心な者もいなかった。森や川にはまるで興味がなく、田園と、たわわにリンゴの実った枝を愛していた。重い槍を持つ代わりに、手にするのは反り返った刃をもつ豪華な小刀だけで、広がりすぎた枝を切りもどしたり、樹皮を切り裂いて切り枝を差し込み、接がれた枝に異なる木の幹から栄養に富む樹液を与えるのだった。*2

人間の世界におけるリンゴの運命的な役割は、ギリシア神話の中で、ゼウスの奥方ヘラと、ヘスペロスの娘たちで西の地にあるヘラの果樹園の世話をしているヘスペリデスに始まる。「ヘスペリデスの乙女たちが、とどろく大海の彼方で、うるわしい金色のリンゴを、黄金色の果実を実らせる木々を守って

ジャック・ル・モアーヌ（1533頃-88）、枝に実ったリンゴ。1585年頃。水彩とグワッシュ。21.4x14.1cm

ディエップ出身のル・モアーヌは、おそらく1572年頃、フランスでユグノーの虐殺が行なわれた時期にロンドンに移住した。リンゴの成熟を３段階で示したこの1枚は、1961年に見つかった、50枚組で果物と樹木を描いた中に含まれていた（143ページ参照）。

いる。[*3]」盗難への備えを万全にするため、ヘラは竜または蛇を園に住まわせたが、ヘラクレスは一一番目の功業として金のリンゴを持ち去ることに成功した。その戦利品が柑橘類だった可能性も大いにあるのに、リンゴがいち早く問題の果実と認められてしまう。この果実は、後にアキレウスの両親となるペレウスとテティスの結婚式にふたたび現われる。招かれなかったことへの仕返しとして、不和の女神エリスが、これはいちばん美しい女神のものと称して黄金のリンゴを投げ込み、アフロディーテ、アテナ、ヘラがそれぞれ自分のものだと主張した。ゼウスはその判断を羊飼いの王子パリスにゆだね、パリスは黄金のリンゴを、この世で一番美しい女の愛を与えると約束したアフロディーテに贈る。この世界一の美女がスパルタのヘレネー、ギリシア王メネラオスの妻だった。こうしてトロイア戦争のお膳立てが整う。もう一つ、不和の元となった悪名高いリンゴは、エデンの園にある善悪の知識の木の果実だろう。これも後にリンゴとされたが、その根拠は薄い。聖書には名前が挙げられていないのだ。しかし、リンゴは画像表現の伝統でいち早く優位を占め、蛇によるエバの誘惑――原罪の元――は西洋美術の中でもっともエロティックな画像となった。

ルネサンスには植物を経済的、科学的、美的な用途のために栽培し、描写することに関心が高まった。果樹園芸学というのは、果物の生産と、特定の地域や目的に最適な品種の選択を研究する学問だが、十七世紀後半以後に農業と科学の一分野として発達した。ここでの「果樹」は主にリンゴ、ナシ、カリン、マルメロを指していて、モモ、スモモ、アンズ、サクランボ（２３３ページ、*Prunus*参照）といった大きくて固い種をもつ石果ではない。

38

大部分のリンゴは食用として栽培されたが、他にリンゴ酒専用に生産されるものもあった。リンゴ酒製造はヨーロッパの多くの地域で重要な産業であり、また課税収入が見込める商品でもある。ジョン・イーヴリンは一六六四年、森林の樹木に関する著書『樹林誌』とともに、『果樹誌もしくはリンゴ酒、その製造と数種の管理法に関連した果樹に関する補足』を発表している。

十八世紀後半から十九世紀にかけて、新しい種類のリンゴやナシの普及が最盛期を迎える。バンベルクの自然史博物館で見られるような、木や蝋の模型を収めた果樹学キャビネットが作られ、この果物のさらなる研究や、いろいろな品種の特徴を説明するために使われた。園芸学や果樹学の団体が新しい品種作りの競争を後押しする。リンゴの木は初期の植民によってアメリカに伝えられたが、一八二一―二年にウィリアム・コベットがケンジントンに持っていた四エーカーの種苗園用にニュータウン・ピピン種の種子を輸入していることに見られるように、

（前ページ）エドワード・カルヴァート（1799-1883）、『リンゴ酒祭り』。1828年。木版画。7.8x13cm

カルヴァートは「古代人」の一員だった。「古代人」は、1825-30年頃サミュエル・パーマー（85ページ参照）とケント州のショアハム村に関係のあった画家のグループで、ショアハムは彼らにとって「幻の谷」だった。パーマーの水彩画『魔法のリンゴの木』（1830）は、パーマーが自然の中に神の豊かさを見ていたことを示す多くの作品の１つだ。カルヴァートが想像したものは、多神教や異教への傾向があり、テオクリトスやウェルギリウスの作品に触発された神話的な田園の昔を思わせる。画面の下にある「キリストにおける神の恵みにより」という書き込みは、以後の版では版木から消されていた。

（右）リンゴ酒用グラス。ジェイムズ・パウエル・アンド・サンズ社、ホワイトフライヤーズ・ガラス工芸社、ロンドン。1905年。高さ16.3cm

このグラスはアルバート・ハーツホーンが1897年に『イギリスの古いグラス』として出版したコレクションにあった18世紀半ばのオリジナルに基づいて製作された。ハーツホーンは元の品を、イングランドのリンゴ酒製造の中心地ヘレフォードで入手している。

十九世紀初めには逆にアメリカからイングランドへ輸出するまでになった。

アメリカの著作家ヘンリー・ソロー（26ページ参照）は、人類とリンゴの関係を、最晩年の一八六二年に『アトランティック・マンスリー』誌に書いた「野生リンゴ」という論考に要約している。もっぱらクラブアップル（*Malus sylvestris*）の特殊な性質を賞賛するために書かれた文章なのだが、ソローは手短かなリンゴの歴史から筆を起こしている。

> まるで鳩のように無邪気で、バラのように美しく、また羊や牛の群ほどの価値がある。他のどんな樹木より古くから栽培されていて、そのため人間によく慣らされている。犬が野生の先祖までたどれないように、いつかリンゴも野生の起源がわからなくなるかもしれない［これについては、言うまでもなくソローはまちがっていた］。リンゴは人とともに移動する。犬や馬や牛と同じだ。最初はたまたまギリシアからイタリアへ、そこからイン

グランド、そしてアメリカへ。そして西部への移住者は、今もリンゴの種子をポケットに入れて、さもなくば苗木を何本か荷物にくくりつけて、夕日に向かって進んでいる。今年は少なくとも百万本のリンゴの木が、去年まで植わっていたどの木よりも西に植えられた。リンゴの花が咲く一週間が、まるで安息日のように、プレーリーに年々広まっている。人は移住するときに、鳥や家畜や虫や野菜から芝生まで携えて行くが、そのときに果樹園も運んで行くのだ。

（上） マイルズ・バーケット・フォスター(1825-99)、『リンゴの木』。1860年代。 石墨に水彩。20.1x25.9cm

バーケット・フォスターが描いたイングランドの牧歌的な農村風景の多くは、 彼が1863年に移り住んだサリーの田園に触発されている。

（前ページ） フィンセント・ファン・ゴッホ(1853-90)、『リンゴの木のそばの庭師』。1883年。リトグラフ25x32.5cm

この作品はハーグのオランダ改革派教会老人の家で描かれたスケッチから製作された。ゴッホはここに住む「身寄りのない男女」をしばしばモデルに使っている。ハーグに住んでいた1882年から1883年、彼は自分の作品を雑誌に発表して知名度を上げたいという思惑のもとにリトグラフを試した。落葉したリンゴの木の表現法には、 彼が1880年代に興味を持った広重（236ページ参照）などによる日本の浮世絵との類似が見られる。

翡翠《ひすい》細工の蚕。中国、周時代。
紀元前1100-901年頃。長さ５cm

Morus

クワ

クワの中でいちばんよく見られる種はレッドマルベリー（*Morus rubra*）、ブラックマルベリー（*Morus nigra*）、ホワイトマルベリー（*Morus alba*）の三種で、前二者は果汁の多さで区別される。北アメリカ東部原産のレッドマルベリーは、現在では世界各地で生育している。ブラックマルベリーは南西アジアの原産で、ローマ人は果実そのものだけでなく、果実から作るワインやシロップをたいへん好んだ。プリニウスの言によれば、「この木には人間の手による改良がいちばんおよんでいない。品種もなく、接ぎ木による改変もなく、唯一果実が注意深い手入れによって大きくなったこと以外に何の改良もされていない。」[*1] イギリスではクワの栽培を王室が後押しした。一六〇八年、贅沢品の消費が増加していることに対応して、ジェイムズ一世が絹の生産を促すためにクワの木を植えるよう布告を出したのだ。ところが、この植物はブラックマルベリーで、本来の目的に必要なホワイトマルベリーではなかった。一六〇八年の布告に関係のあるブラックマルベリーの一本が、

絹の残裂２枚、おそらくは旗頭。中国、敦煌莫高窟第17窟で発見された。3-5世紀。20.5x15.8cm
これらの断片は、後世の作品である宝石をちりばめた菩提樹の下で説法する仏陀の絵と同じ洞窟で発見された（160ページ参照）。

今日までケンブリッジ大学クライスツ・カレッジに残っている。また、「回ろ、回ろ、マルベリーの木を囲んで」と歌うイギリスの童謡「マルベリー・ブッシュ」に登場するのも、このブラックマルベリーで、刑務所の運動場にクワの木を植えたことを指していると考えられている（たとえばヨークシャーのウェイクフィールド刑務所に今も生えているものがある）。

一方、東アジアから来たホワイトマルベリーは、最高級の白絹を生産するカイコガ（*Bombyx mori*）の幼虫、つまりイモムシの唯一の食料として主に知られている。一キログラムの絹を作るには、一〇四キログラムのクワの葉と三千匹のカイコが必要とされる。カイコのすばらしい性質はいつの時代にも驚異の的で、その一例が、しばしば「顕微鏡生物学の父」と呼ばれるマルチェロ・マルピーギ（一六二八―九四）による、顕微鏡解剖学草分けの一つとされる研究である。一六六八年にボローニャで書かれたカイコに関する論文は、翌年彼が王立協会の会員として認められる根拠となった。

ヤコブ・ファン・ハイスム（1687/9-1740）、『ホワイトマルベリー』。　石墨に水彩。37.5x26.5cm

ロンドンのチェルシーで開かれていた園芸家協会の月例会で名前が登録された植物141種を集めた画帳より（21ページ参照）。

中国の言い伝えによると、カイコの能力が発見されたのは紀元前二七〇〇年頃とされているが、養蚕の痕跡はそれよりまだ早い紀元前三〇〇〇年代までさかのぼり、世界最古の「工業型」農業となっている。紀元前一〇〇〇年以後、絹は中国からインド、西アジア、地中海地方へ、集合的に絹の道《シルクロード》と呼ばれた中央アジアの街道筋を経由して売買された。中国はその後一〇〇〇年の間は絹の生産を独占していたが、そこから先は製造の秘密がホータン、韓国、日本、インドへ広まり、紀元六世紀にはビザンティン帝国に達する。

これほど珍しく神秘のヴェールに包まれたものは必然的に独自の神話を作り上げる。絹の秘密がどのように中国の外へ伝わったのか、たくさんの物語がある。中央アジアのホータンは、中国以外で最初に養蚕が行なわれた場所だった。肝心な情報や原料を教えない中国に業を煮やしたホータンの王は、皇女にプロポーズして、もし結婚後も絹を身につけたいと思うなら、それを作る手段をホータンへ持ってこなくてはならないと告げた。彼女はそれに同意し、国境の役人に見つからないよう、クワの種子とカイコの卵を冠の中に隠して嫁入りしたという。この伝説が描かれて奉献された板絵がホータンの仏教寺院で発見されたのは、二十世紀の初め、ハンガリー人学者オーレル・スタイン（一八六二―一九四三）による三回の考古学調査旅行の一回目だった。板絵の中心に描かれている人物は中国の皇女で、おつきの一人が冠を指差している。カイコの繭が皇女の前に置かれた籠に入っていて、はるか右には別の人物が織機の横に立つ。

後方で筬《おさ》や杼《ひ》を手に持つ四本腕の持ち主は、おそらく絹の神だろう。

絹の生産法がビザンティン帝国に伝わった状況は一つの話に落ち着いている。それによると、紀元五五二年、ユスティニアヌス帝は、シルクロード沿いに伝道活動をしていたペルシアのキリスト教会のネストリウス派修道士ふたりに、中央アジアから絹の秘密を持ち帰るよう命じた。彼らはカイコの卵を密輸したのだが、コンスタンティノポリスへの道すがらその卵が孵化し、到着したときにはご丁寧に繭を作っていたという。養蚕はアラブ人によって、北アフリカを含む地中海沿岸に広まった。一二〇四年、第四回十字軍の最中に起きたコンスタンティノポリス略奪で、多くの熟練した職人が移動した後、絹の製糸はイタリアの数都市で主要産業となった。特にルッカが有名だったが、ヴェネツィア、ジェノヴァ、フィレンツェ、ミラノでも生産が行なわれている。一五四〇年、フランス王フランソワ一世はリヨンに絹生産の独占権を与え、以後一五〇年間この町がヨーロッパの絹取引を支配した。養蚕は家内工業の要素が大きく、極東と同じように、カイコの飼育には女性が大きな役割を果たした。

十六世紀と十七世紀の宗教的迫害によって、フランドルやフランスから職人たちがイングランドへ押し寄せ、その中には絹の製糸業者もいて、イーストアングリアのノリッジと、ロンドン、イースト

(右) 絹の王女が描かれた奉献板絵。ホータン、ダンダンウイリク（象牙の家々の場所）出土。7-8世紀。12x46cm

(左) 北尾重政（1739-1820）、「桑摘み」、絹の生産を描いた『かゐこやしなひ草』より。18世紀後半。錦絵。23.5x17.8cm
職業や仕事は中国と日本の木版画によく見られる主題で、養蚕はその中でも多く見られる。

エンドのスピタルフィールズに集まった。特に後者はリヨンの支配を脅かし始める。イングランド国内の毛織物工場は、十八世紀半ば以降、主にコングルトン、ダービー、マックルズフィールド、ストックポートに設立された絹織物工場との激化する競争にさらされた。しかし、一八四五年に始まったカイコの伝染病蔓延がヨーロッパの絹の供給に大打撃を与え、その一方で他の繊維による競争があり、特に二十世紀には化学繊維の登場によって、絹の市場は縮小した。第二次世界大戦の後、まず日本が、次いで中国が優位を回復する。現在は中国が世界最大の生産国で、インドがそれに続くのだが、インドではカイコガから作られる絹だけでなく、クワ以外の葉を食べるカイコからとった「天蚕糸《てんさんし》」も生産されている。

5.
Tum fronde, ramo, fascibusq; conditus, Se voluit, et pilæ in modum se contrahit.

ヤン・ファン・デル・ストラート（1523-1605）の原画による、桑摘みと給桑。ヨーロッパにおける絹生産の歴史と技術を図解した６枚組み版画『絹の虫』第2版の5枚目。彫工はテオドール・ハレ（1571-1633）で、フィリップス・ハレ（1537-1612）によってアントウェルペンで出版された。1590-1600年頃。20.1x26.4cm

この連作のタイトルページには、トスカーナを支配したメディチ家の一員、ラッファエレ・デ・メディチ（1543-1629）の夫人コスタンツァ・アラマンニへの献辞がある。1587年から1609年までトスカーナ大公だったフェルディナンド・デ・メディチは主な道路沿いに桑の木を植えさせ、絹産業を支えた。アントウェルペン出身でストラダヌスという名でも知られるヤン・ファン・デル・ストラートは、版画やタペストリーのデザイナーで、人生の大半をフィレンツェで働き、1605年にその地で死んだ。この本そのものはサー・ハンス・スローンが所蔵していた。

アイザック・クルックシャンク（1764-1811）のデッサンによる『マルベリーの木』。ソングシートの見出し飾り。ロンドン、Laurie & Whittle刊。1808年。活版印刷の文面と手彩色のエッチング。28.7x29cm（シート）

この絵の下に印刷された歌詞では、クワの木が他の木を枯らす白カビに強いことが、人間の人生の側面になぞらえて、賞賛されている。歌詞の最後はこう歌う。「けれどリグナムバイタのように、われらはオークの心も堅く／また害虫のたからぬシーダーのように／あらゆる心配事をブドウの果汁で飲み干しながら／クワの木を避けて飛んでいくカビのように」

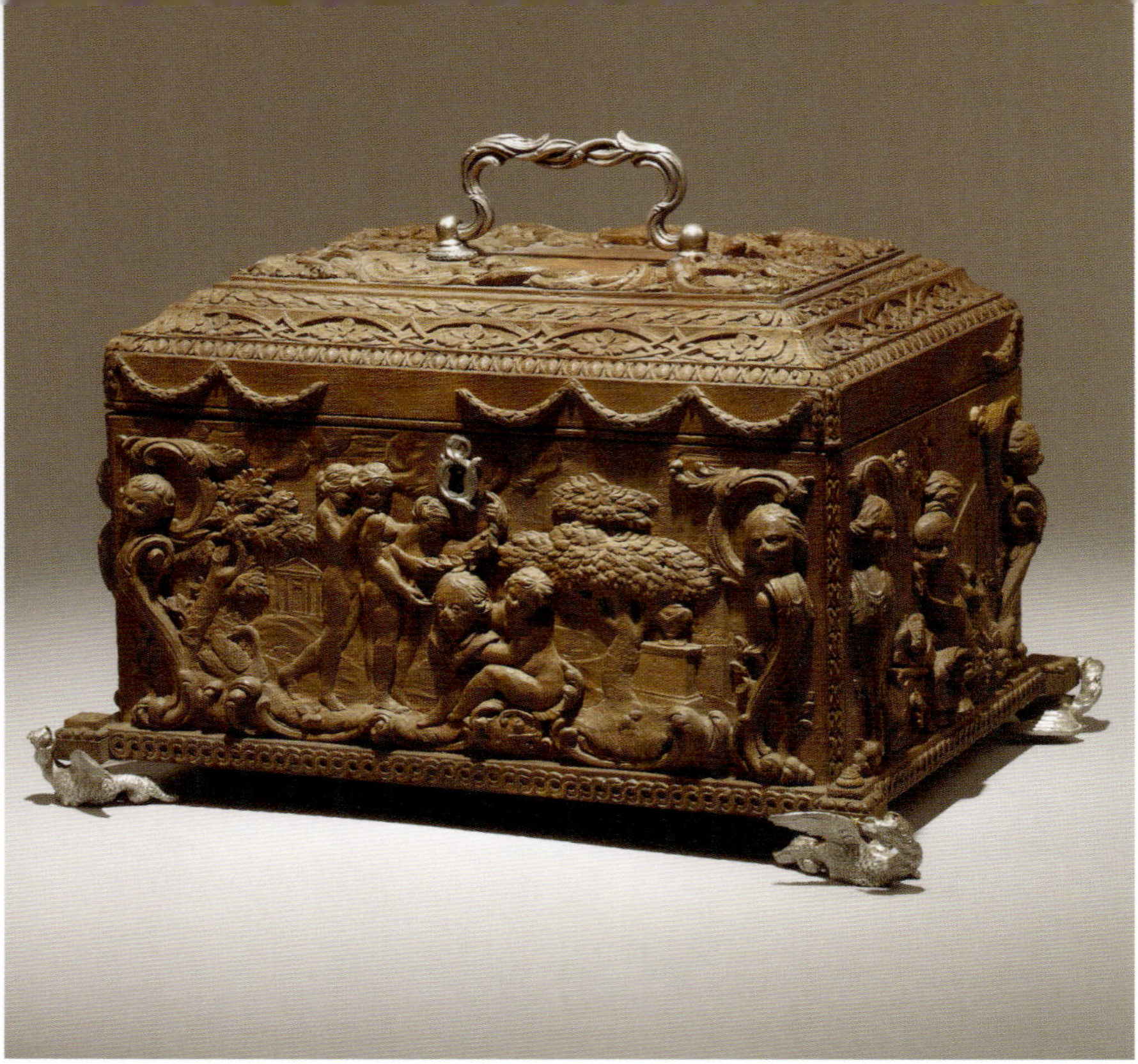

「シェイクスピアのマルベリー」(*Morus nigra*) を彫刻したギャリックの小箱。1769年頃。21.8x14cm

この小箱は俳優のデイヴィッド・ギャリック（1717-79）が1769年にシェイクスピア記念祭を行なったとき、ストラトフォード・アポン・エイヴォンの名誉市民権と一緒に贈呈された。この木とシェイクスピア本人を結びつける証拠は何もないが、1759年に当時の所有者が切り倒した頃には、ニュープレイスにあったシェイクスピアの旧居を訪れる「巡礼」たちの注目を集めていた。この木から作られたとされる多くの記念品の中でもっとも豪華なこの小箱は、1835年に作家でシェイクスピアのファースト・フォリオの収集家としても知られるジョージ・ダニエルの手に渡り、その遺言で大英博物館に寄贈された。

Olea

オリーブ

ウィリアム・フェイソーン（1620頃-91）、**「ブロシーおよびロムクール領主」。ルイ・ル・ガン著『オリーブの類似』**（ロンドン、1656）**への挿絵。エングレーヴィング。24.1x15.9cm**
ル・ガンは、1641年に同じようなお世辞本を出して、チャールズ１世を太陽やヒマワリにたとえている。エングレーヴィング作者のフェイソーンは大内乱のときに王党側についたかどで1645年に投獄された。判決はフランスへの国外追放に軽減され、1652年にやっと許されてロンドンへ戻り、仕事を再開することができた。

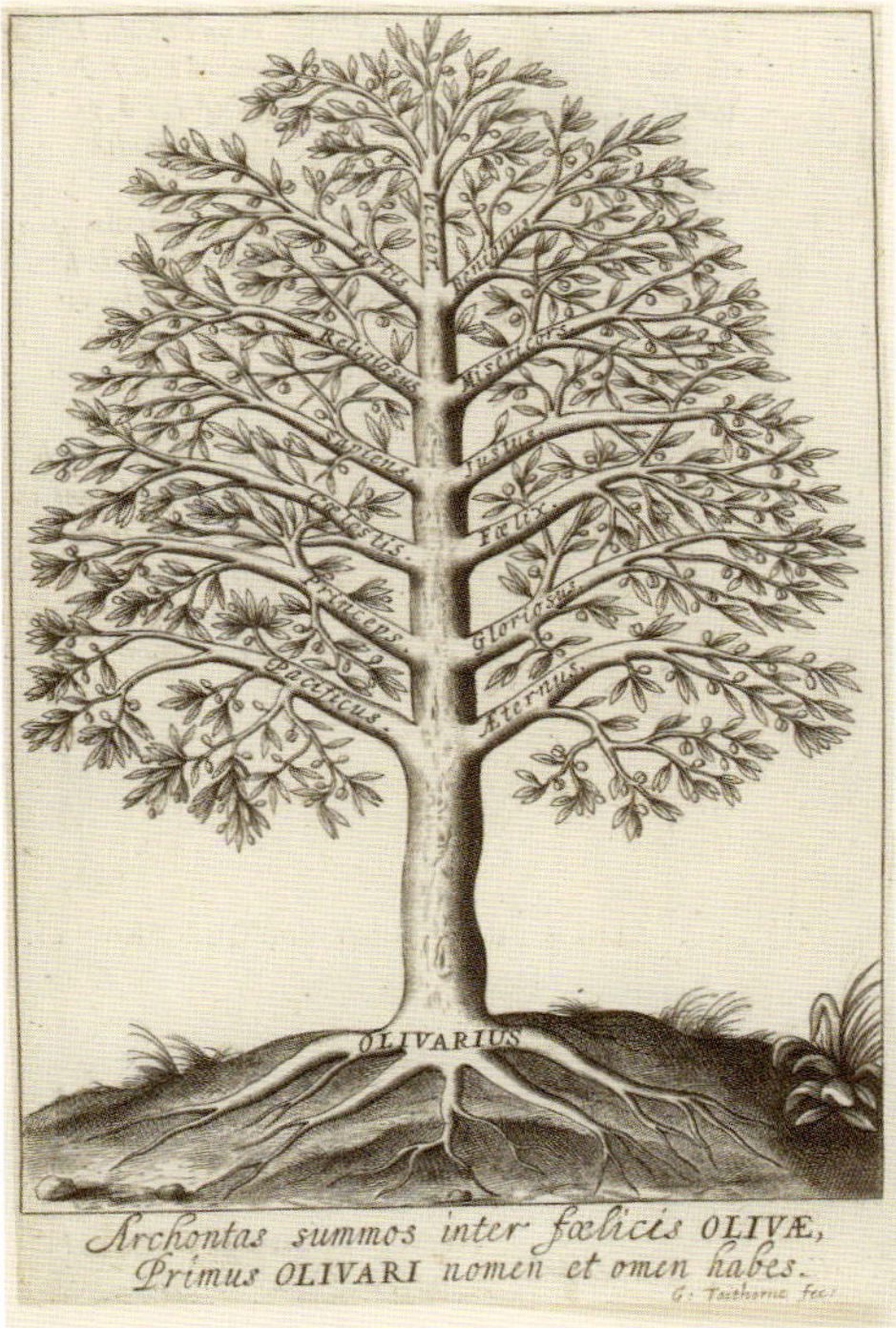

古典の中で重要な象徴としてオリーブが使われた例の多くは、一六五三年から一六五八年まで護国卿だったオリヴァー・クロムウェルに向けられた卑屈なお世辞の著作によく現われている。題扉の後の挿絵は、解読が必要な「判じ物」の絵で、十七世紀の読者にはなじみのあるものだった。オリーブ、つまりオリヴァーは、あらゆる美徳の枝が生じる根と幹で、オリヴァー・クロムウェルは古代ギリシアやローマの英雄を現代によみがえらせる後継者なのだ。

アンティメネスの画家（紀元前530-510）の作とされる黒絵式アンフォラ。片面にはオリーブの収穫、もう片面にはヘラクレスを迎えるポロスが描かれている。アテナイ製。紀元前520年。高さ40.6cm

このアンフォラは1837年、ナポレオンの弟リュシアン・ボナパルトのコレクション売り立てで入手された。

ガラス容器の刻印。紀元720-34年。幅3.4cm
この刻印は、初のイスラム王朝でダマスカスを首都としていたウマイヤ朝（紀元661-750）のもの。クーファ体で書かれた文字は次のように読める。「神の名において、ウバイドアッラーが命じた、ハアルハバブ、４分の１ギストの、オリーブオイルを、十分に計量。」

これはオリーブの地位を示す証左の一つだが、さらに強力なのは、古代世界におけるその経済的価値の証拠だ。ローマのモンテ・テスタッチョの丘はアンフォラ五三〇〇万個分の破片でできているが、このアンフォラにはかつて六〇億リットルのオリーブオイルが入っていた。その消費は紀元二世紀末頃にピークを迎えたと推定されている。イタリアにオリーブが伝わったのはやっと紀元前四世紀頃で、他の地域で栽培が行なわれるようになってからかなり後のことである。最古の証拠はヨルダン（紀元前四千年代）、ミノア文明のクレタ島（紀元前三千年代）、シリア（紀元前二千年代）に見られる。その著作が紀元前八世紀とされているヘシオドスとホメロスは、ギリシアやエーゲ海の島々でオリーブの木が栽培されていることに触れている。オデュッセウスが故郷のイタケーへようやくもどったとき、最初に彼を迎えたのはこの木だった。「とうとう着いた……入江の先端に枝を広げたオリーブの木が一本立ち、その近くには心地よい岩屋がある。海霧でひんやりとした岩屋は、ナイアデスと呼ばれる泉のニンフたちの聖地だった。」[*1] オリーブはオデュッセウスの守り神アテーナーの聖樹である。アテネはアテーナーが槍を地面に突き立てた場所に建設され、その槍は見る見るオリーブの木に変わったとされている。アテーナーに敬意を表して四年ごとにアテネで開か

れたパンアテナイア競技会では、大量のオリーブオイルが賞品として与えられた。これは暖房、照明、料理、肌の洗浄と乾燥防止に使われる。ギリシア人は野生オリーブ（*Olea oleaster*）を栽培種（*Olea europaea*）と区別し、野生オリーブで作った冠をオリュンピア競技会の勝者に贈った。野生オリーブの枝で作った棍棒を持ち物としていたヘラクレスは、オリンピアのゼウス神殿の裏にあったオリーブの聖樹を植えたとされている。

ギリシア以外にもオリーブが特別視されていた古い証拠がある。一九二四年に行なわれた発掘で、紀元前一三二七年に没したツタンカーメンの石棺から供え物の花輪が見つかっているのだが、そのうちの一つは折りたたんだオリーブの葉で作られた冠で、現在はキュー植物園の標本室に保存されている。

プリニウスが紀元一世紀に『博物誌』を書いていたのと同じ頃、オリーブはレヴァントから西へ向かって北アフリカ、イタリア、スペイン、ガリア（フランス）へ広まっていった。スペイン南西部のバエ

（前ページ）ビールの玉座。ヘロデス・アッティクスが建設したアテナイのパンアテナイア競技場にあった大理石製の玉座。紀元140-43年。高さ70cm

これは審判の席で、左側には他の座席が接していた。右の側面にはオリーブの木と賞品台が描かれ、賞品台の上にはパンアテナイア形式のアンフォラ、オリーブの小枝、そして3つの冠がある。この玉座は1801年にアテネの大主教からハミルトン・ニスベット夫妻に贈られ、1958年までスコットランドのロージアンにあるニスベット家の邸宅に置かれていた。

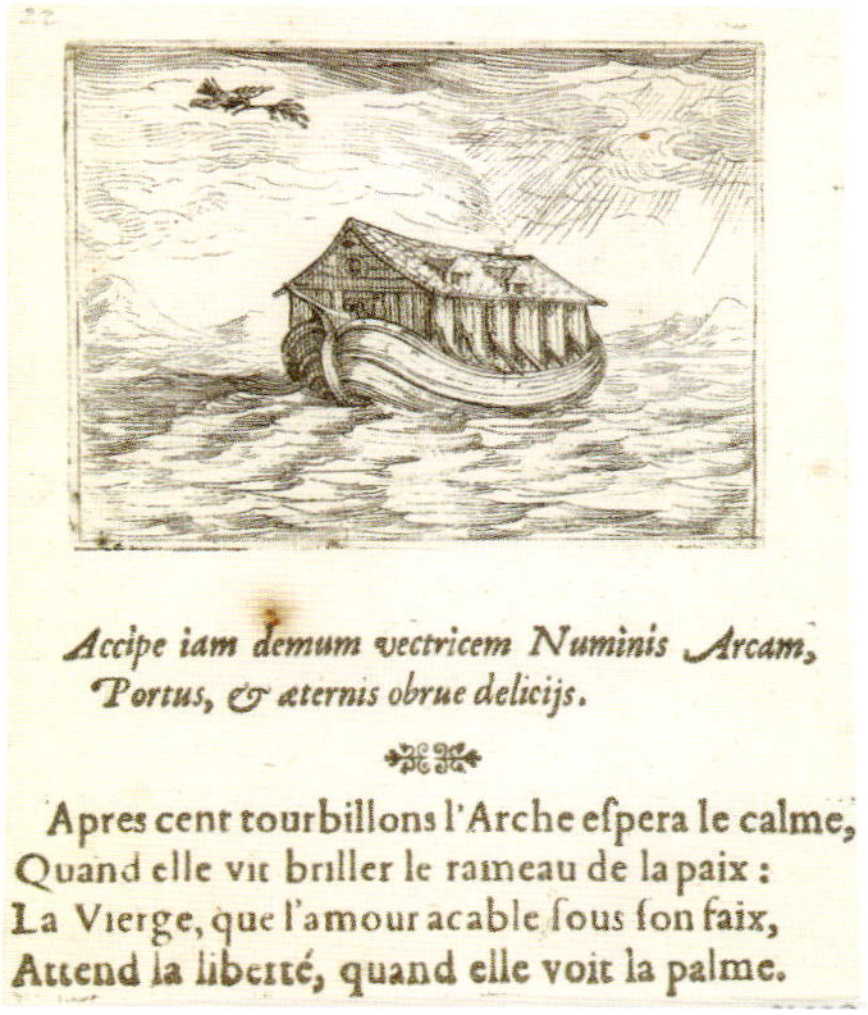
Accipe iam demum vectricem Numinis Arcam,
Portus, & æternis obrue delicijs.
Apres cent tourbillons l'Arche espera le calme,
Quand elle vit briller le rameau de la paix :
La Vierge, que l'amour acable sous son faix,
Attend la liberté, quand elle voit la palme.

（右）ジャック・カロ（1592-1635）、ノアの箱舟、『めでたき聖母の生涯』より。1625-9年。6.1x8.2cm（図版部分）

27枚の象徴的な図版に聖母マリアの美徳を結びつける文章を添えた中の１枚。1627-8年に小冊子の形で出版された。

ティカにあったオリーブ畑は、ローマの需要の大きな割合を供給し、地主エリートたちの財源となって、ここから後に皇帝ハドリアヌス（在位一一七—一三八）が出る。スペインは今日もオリーブオイル生産のトップを走り、イタリアとギリシアがそれに続く。プリニウスはオリーブ栽培のあらゆる面について、まるまる一巻を費やし、最適な収穫法まで説明した。

第三の誤りは倹約しすぎることから生じる。摘み取りに費用がかかるため、オリーブが木から落ちるのを待つ人がいる。あるいは中間で妥協し、長い棒で木を打ってオリーブを叩き落とす人がいる。これを行なうと、木を傷め、翌年には収穫高が減少する。実際、オリーブ収穫については、とても古い掟がある。「オリーブの木は無理に実をもぎ取ったり、打ったりしてはならない」。……尊厳を重んずるローマ国家は、七月のイドゥス（一五日）に騎兵大隊にオリーブの冠をつけさせて、オリーブに大きな敬意を表したし、同様に小凱旋を青銅製アスリートのスキンケア・セット。壁に掛けられるよう鎖でつないだアリュバロス（油壺）とストリジル（肌かき器）２本。ローマ時代、紀元1-2世紀。ドイツ、ライン地方で出土。長さ27および22cm（ストリジル）、高さ9.5cm（油壺）

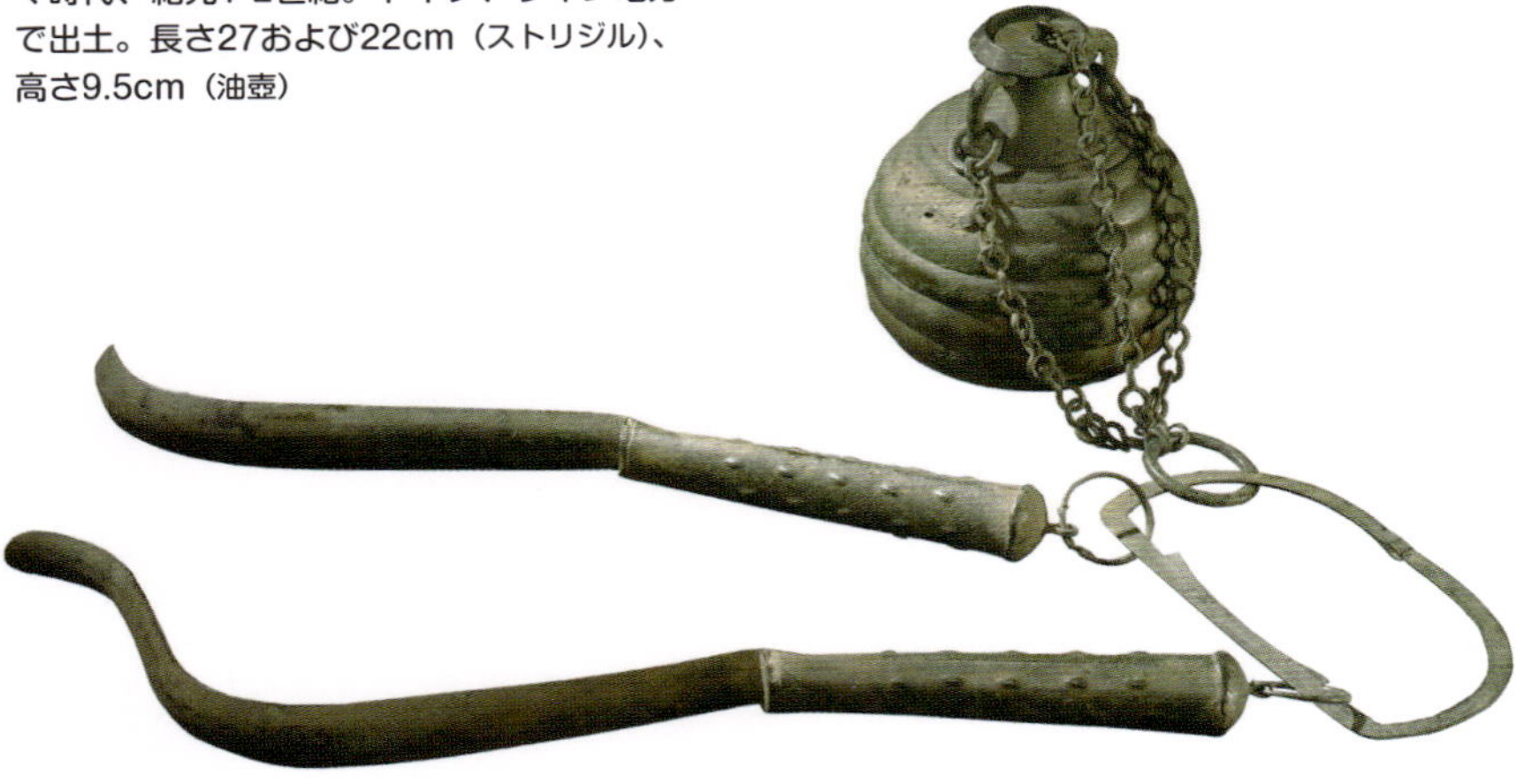

祝う際にも使用した。アテナイ人たちもオリンピアの勝利者には野生オリーブの冠を与える。*2

プリニウスは、ギリシア人がオリーブオイルを本来とは異なる用途に供していると苦言を呈している。「彼らはギュムナシオンでそれを贅沢のために使うことを習慣にしてしまった。こういう施設の管理者が、競技者の体からけずり取られた油を八万セステルティウスで売っていたことが知られている。*3」体に油を塗ることは、裸で競技するギリシアのスポーツ選手にとって大切なことだった。しかし、これはローマ世界のアスリートにも普及していて、それが今に残る青銅製アリュバロス（油壺）とストリジル（肌かき器）のスキンケア・セットに見てとれる。

オリーブの意味としていちばん広く行き渡っているのは、平和と和解だろう。これは聖書の創世記にあるノアの箱舟の話から出ていて、オリーブの小枝をくわえた鳩が、大洪水の水が引いて、神の怒りが収まってきた証拠だったことに由来する。ギリシア神話でもオリーブは勝利よりも平和と結びついていて、三人のホーラ（時間や季節の女神）の一人で平和をつかさどるエイレネの持ち物だった。オリーブはまた、ローマ神話の軍神マルスの分身の一人、「平和をもたらすマルス」も携えていた。しかし、この象徴的な意味を発展させたのは初期キリスト教の表現形式である。大洪水の話と、新約聖書が鳩に精霊や洗礼を結びつけていることを組み合わせたのだ。この簡潔で心に響く画像にまとめ上げられた、希望と救いと平和という三重の意味が、時代を超えて伝わり、宗教的に負けず劣らず世俗的なシンボルとなった。

ベツレヘムにある聖降誕教会の木製模型。オリーブ材に貝と象牙の象嵌。17-18世紀。高さ17.5cm
同様の模型はエルサレムの聖墳墓教会を模したものの方が多いが、17世紀初頭から現われだす。高級な土産物、また裕福な訪問者や外国の要人への贈り物を意図していたのはまちがいない。これらはベツレヘムでパレスティナ人の職人が作っており、1342年に教皇クレメンス６世によって聖地の管理を任されたフランシスコ会が監修していた。この品はサー・ハンス・スローンのコレクション目録に聖墳墓教会の模型と共に掲載されている。

クロード・ロラン（1600-82）、アプーリアの羊飼いがオリーブの木に変えられている風景。1657-82年頃。ペンと茶色のインクに、白のハイライトを入れた茶色のウォッシュ。19.7x26cm
このスケッチは大英博物館が所蔵する『真実の書』の１枚。クロードは1635年から1682年までに描いた作品の記録として、偽作防止用にこの本をまとめた。主題はオウィディウスの『変身物語』でアプーリアの羊飼いが踊っているニンフたちを下品な言葉でからかったことを罰せられる場面。「どうしても黙らないので、とうとう木の幹が彼ののどを覆った。彼は野生オリーブに変えられたのだ。今もその実の味にはこの男の性格が感じられ、がさつな言葉がオリーブに伝わったため、苦い果実に彼の舌の痕跡が残っている。」(XIV, 519-529)

Pinus

マツ

エドワード・カルヴァート（1799-1883）、パンとピテュス。1850年。紙に油彩。19.9x36.3cm
松の木の横に立つニンフが、木々の間にひっそりと座るパンを肩越しに見ている。

ほかの針葉樹と同じで、マツはおおよそ三億年におよぶ歴史をもっている。一一五種ほどあって、実に多様な呼び名で親しまれている。ブリスルコーンパイン（*Pinus longaeva*）、アブラマツ（*Pinus tabuliformis*）、ウェイマスパインまたはゴヨウマツ（*Pinus strobus*）、ヨーロッパクロマツ（*Pinus nigra*）、ジャックパインまたはバンクスマツ（*Pinus banksiana*）、イタリアカサマツ（*Pinus pinea*、イタリア料理のペストに使う松の実が穫れる）、シロマツ（*Pinus bungeana*）、テーダマツ（*Pinus taeda*）、カイガンショウ（*Pinus pinaster*）、ヨーロッパアカマツ（*Pinus sylvestris*）などなど。これら常緑で樹脂の多い樹木は、しばしば酸性のやせた砂地——たとえばデューラーのふるさと、南ドイツのニュルンベルク——でもよく育ち、温帯地域全体に広く分布している。化石時代の祖先は、その樹脂がバルト海の琥珀を作ったし、現生種は材木や木材パルプ用として商業的にもっとも重要な樹木に数えられる。数学的に見ると、松ぼっくりの鱗片《りんぺん》は、五と八の二種類のら

（左）琥珀の彫刻に金張り銀製の装飾金具付きタンカード（蓋付きジョッキ）。1640-60年。高さ20.5cm
スウェーデンのクリスティーナ女王（在位1632-54）のものだった可能性が高いこのタンカードには、傲慢、貪食、色欲、憤怒、嫉妬、貪欲、怠惰という七つの大罪を象徴する人物像が刻まれ、スウェーデン、ヴァーサ王朝（1521-1654）の紋章がある。おそらくは琥珀貿易の中心地、ケーニヒスベルク（カリーニングラード）で作られたものだろう。バルト海に面したこの町は13世紀半ばから、16世紀にプロイセンの公爵領になるまで、チュートン騎士団に支配されていた。現在も、カリーニングラードの琥珀鉱は、世界の琥珀の90パーセントを埋蔵している。

（次ページ）アルブレヒト・デューラー（1471-1528）、林間の池。1496年頃。水彩とグワッシュ。26.2x36.5cm
ニュルンベルク郊外の松林と池を描いたこの習作は、サー・ハンス・スローンのコレクションの一品。1724年にオランダで入手されたデューラーによる５冊のデッサン帳に含まれていた。デッサンは大英博物館に残され、手稿やスケッチは大英図書館に収蔵されている。

せん状にならんでいるが、これはフィボナッチ数列に隣り合って現われる数である。ちなみに、この数列はレオナルド・ピサノ（別名フィボナッチ、一一七〇頃―一二五〇頃）がアラビアの原典からヨーロッパに紹介したもので、自然界の形にこの数列の数が存在することは、十九世紀後半に初めて明らかにされた。

　ギリシア文学では、ピテュス（松）はパンが恋したニンフの名前である。彼の求愛から逃げようとした彼女は神々によって松の木にされた。おそらくはアレッポマツ（*Pinus halepensis*）か、トルコマツ（*Pinus brutia*）、さもなくばヨーロッパクロマツ（*Pinus nigra*）だったことだろう。羊飼いのアッティスも同じ運命にあっている。大地と神々の母キュベレが、死んだ愛人アッティスをこの木としてよみがえらせたのだ。したがって、松はキュベレお気に入りの木だったが、ウェルギリウスが『アエネーイス』に書いているように、トロイアの艦隊のためにそれを犠牲にして、ユピテルに海上での加護を一所

懸命に求めている。

かつてわたしは松林を持っていて、長年それを愛してきました……けれど、若いトロイア人［アエネーアース］が艦隊を必要としたとき、わたしの木々を喜んで与えたのです。それなのに今、わたしは心配と恐怖に苦しんでいます。わたしの恐れを消してください。艦隊の船がどんな航海にも風の暴力にも打ち破られることがないようにという、あなたの母の祈りに力を与えてください。もともとはわたしの山から出たことを彼らの利益にしてください。*1

造船の需要は、材木を得るために多くのマツの自生地を奪った。アメリカ北東部原産のイースタンホワイトパイン、別名ウェイマスパイン（*Pinus strobus*）について、その可能性のあることが、一六〇五年にこのマツの種子をイングランドに持ち帰ったジョージ・ウェイマス船長によって指摘されている。百年後、偶然同じ名前のウェイマス卿が、庭の装飾を目的にロングリートに所有する屋敷で種を蒔いたが、イングランドではなかなか育たなかった。しかし、アメリカの東海岸地帯ではよく育ち、一七五〇年代にはイギリス政府がこの地方の最上級の木について先買権を宣言したほどだった。マツからは造船用の木材だけでなく、防水のためのコーキング剤やコーティング剤がとれる。一七二五年頃、イングランドで使われるピッチとタールの五分の四はアメリカの植民地から送られたものだった。

(上)「パイン・ツリー」 1シリング銀貨。マサチューセッツ。1652と表示があるが、発行は1667-74年。直径1.5cm
北アメリカの植民地では通貨が不足していた。その対抗策として、マサチューセッツの入植者は1652年から30年間、独自の貨幣を発行した。

(次ページ)ワンパンのすね当て。ヤマアラシの針をガラスビーズと毛糸で編んだもの。アメリカ北東部森林地帯の先住民、イロコイ族またはアルゴンキン族。1700-70年。長さ31.5cm
繰り返し模様は「平和の木」を表わし、ガラスビーズはハマグリやバイの貝殻で作る貝殻玉の代用品。ベルトやすね当ては、17世紀から18世紀にかけて、イロコイ連邦がヨーロッパ人と条約締結の交渉で重要な交換品だった。このすね当ては、ペンシルヴェニア生まれで1763年にロンドンに落ち着いた画家ベンジャミン・ウェスト(1738-1820)のアトリエにあったもの。ウェストは1770年と1771年に描いた2点の近代史作品『ウルフ将軍の死』(1759年ケベックにおけるウルフの戦死を描く)と『ウィリアム・ペンとインディアンの交渉』[1682年] でアメリカ先住民を描くときに本物の装飾品を参考に使った。

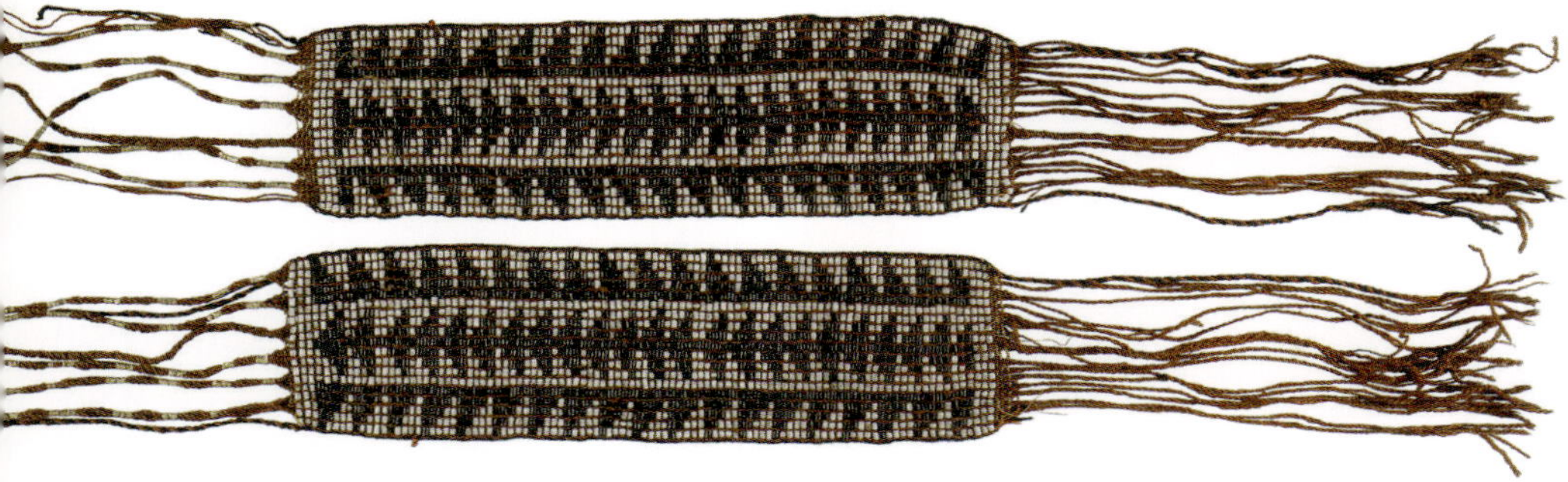

北アメリカのマツが持つ意味は、経済的な価値よりはるかに大きいものだった。イースタンホワイトパインは、北アメリカの先住民、モホーク、オナイダ、オノンダーガ、カユーガ、セネカの五部族が構成したイロコイ連邦の「平和の木」なのだ。一七二二年からはタスカローラ族も加入したこの連邦は「平和の大法則」を結び、加盟した部族がこの木の下に斧などの武器を埋めた。イロコイ連邦と平和の大法則は一七七六年の独立宣言を待ち望んだアメリカ愛国者たちにとって重要な表現となり、その後は合衆国憲法の起草にも影響を残した。

中国、日本、韓国ではカザンマツ（*Pinus armandii*）、アカマツ（*Pinus densiflora*）、ファンシャンパイン（*Pinus hwangshanensis*）、チョウセンゴヨウ（*Pinus koraiensis*）、ゴヨウマツ（*Pinus parviflora*）、シベリアマツ（*Pinus sibirica*）、アブラマツ（*Pinus tabuliformis*）などが古くから山の風景を彩っている。エンゲルベルト・ケンペルは、一六九〇―九二年の日本滞在の折り、次のような観察を残した。「森にいちばん多い樹木は実に多様な松と杉である……これらは山の稜線に飾りとして長く一直線に植えられたり、街道の両側の並木とされている。砂地や住人のいない土地では、たいへんな苦労をして育てている。松も杉も役人の許可なしに切り倒すことは許されず、伐

採したあとには代わりに苗木を植えなくてはならない。」

秦の始皇帝（在位紀元前二四七―二二一）は、自国の東側の諸国を併合して天下統一したことを封禅《ほうぜん》の儀式によって天に報告し、記念の石碑を建立した。五岳は（天の力が地の力と出会う場所であるため）道教の聖地だが、その中でもっとも尊いとされる泰山《たいざん》で儀式を行なって下山する際、ひどい雨風に遭って松の木の下で雨宿りを余儀なくされた。そのことを感謝して、皇帝はこの松の木に五大夫の位を授けたという。古今に有名な松の何本かが生える黄山《こうざん》は、ユネスコの世界遺産に登録された。中でも迎客松は樹齢千五百年を超えると考えられている。

松は長寿、不動、そして寒さに耐えることから逆境での生存の象徴とされている。しばしば、やはり長寿の象徴と考えられている鶴と一緒に描かれる（223ページの水墨画を参照）。竹と梅（233ページ参照）と共に、松は「歳寒三友《さいかんさんゆう》」の一翼を担っている。いちはやく咲く梅と冬の間も緑色の竹と松が

（前ページ）歌川広重（1797-1858）、上総国鹿野山の風景。参詣者が松や杉の間を神野寺や白鳥神社への道を上っている。1848-58年。絹本に墨と絵の具。44.7x60.5cm

（右）秦の始皇帝が松の木に栄誉を与える場面を描いた高蒔絵の印籠。日本、19世紀。高さ7cm
印籠は小さな容器で、中の仕切りに印や薬を入れ、日本の男性が腰に下げた。18世紀には装飾性が目立つようになり、高度な技術と優れた芸術性が発揮された。高蒔絵は模様の部分の漆を盛り上げて色漆や金属粉を載せたもの。

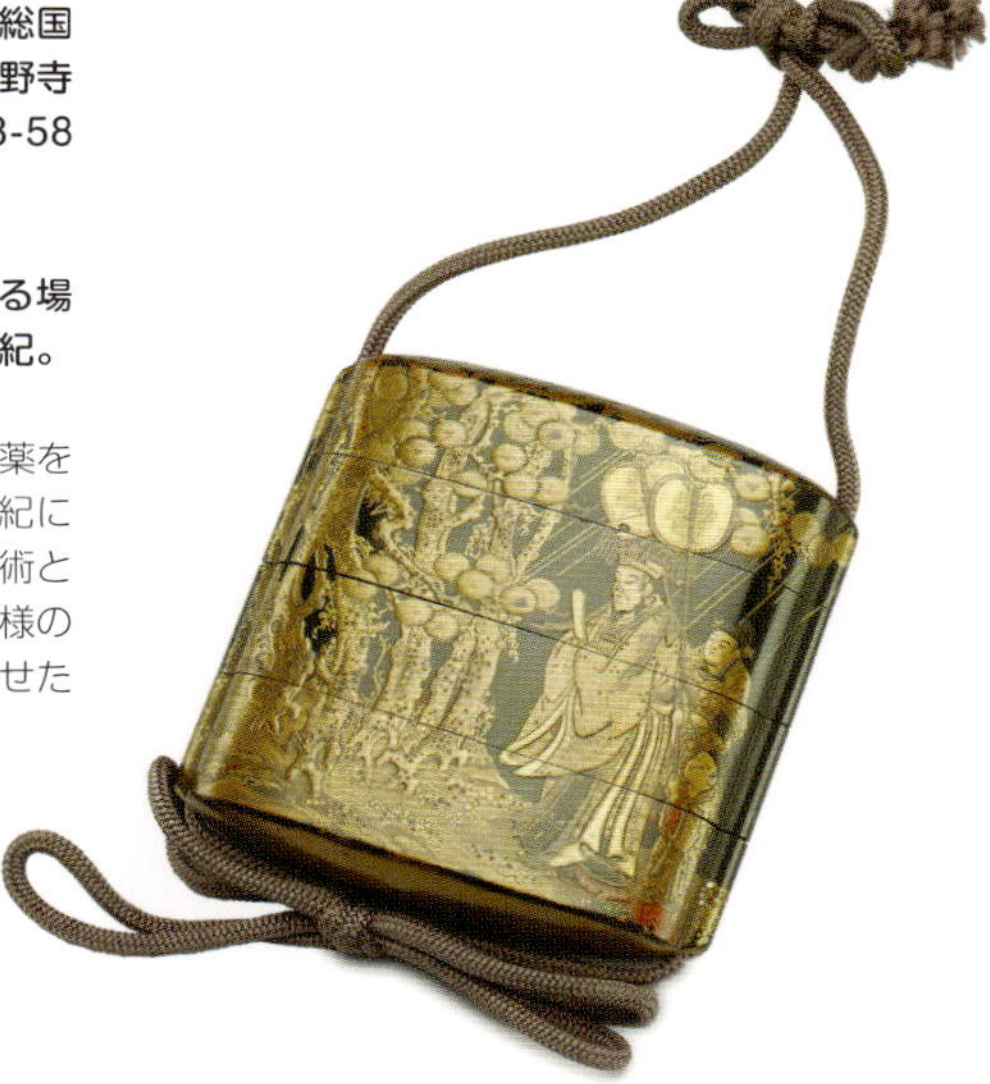

寒さの厳しい冬の友とされた。唐代の詩人王維《おうい》（七〇一―七六一）による七言絶句『桃源行』では漁師が川をたどって「雲と木々が群がる」場所へ導かれるのだが、この中で松は山中の別世界である隠れ里の一部になっている。

村人は未だ秦時代の衣服を着て……
人間世界の外にあって田や畑を耕している
松の木の下に月は明るく
家々は静かに閉ざされている。
彼らは初めて戦乱を避けて
人の世を逃れてきたが
ここに来て神仙となり、
そのため還らなかったのだ。[*2]

象徴としての重要性を差し置いて、松の煤《すす》から作る墨が効率の悪い中国の官僚制度のために大量に必要とされ、その結果唐代の終わりには広大な森林が破壊されてしまった。[*3]

松かさは独自の特別な結びつきを持っている。ギリシア神話では、テュルソスという、ツタに覆われたオオウイキョウの杖の先端についていた。この杖は最初ディオニュソスやその信者が持ち、その後ローマ時代にバッコスの持ち物となった。ローマの噴水には先端飾りとして取り付けられ、そのもっとも印象的な例がブロンズ製のピーニャの噴水である。これはもともとパンテオンの近く、イシスの神殿の横にあったが、今はヴァティカン市内、ピーニャの中庭に移されている。

イタリアの作曲家オットリーノ・レスピーギ（一八七九―一九三六）はローマの松（イタリアカサマツ、*Pinus pinea*）をテーマに交響詩『ローマの松』（一九二四）を書いた。この作品は、『ローマの噴水』（一九一六）、『ローマの祭り』（一九二六）と合わせて三部作となっている。四つの楽章は古代ローマの栄光を呼び起こし、過去と現在のつながりを示唆する。子供たちが兵隊遊びをしている現代の情景から始まり、「カタコンバ付近の松」、そして「ジャニコロの松」で過去に移動し、最後の「アッピア街道の松」ではローマの軍団が夜明けにアッピア街道を、カピトレ丘の頂上へ向かって行進してゆく。

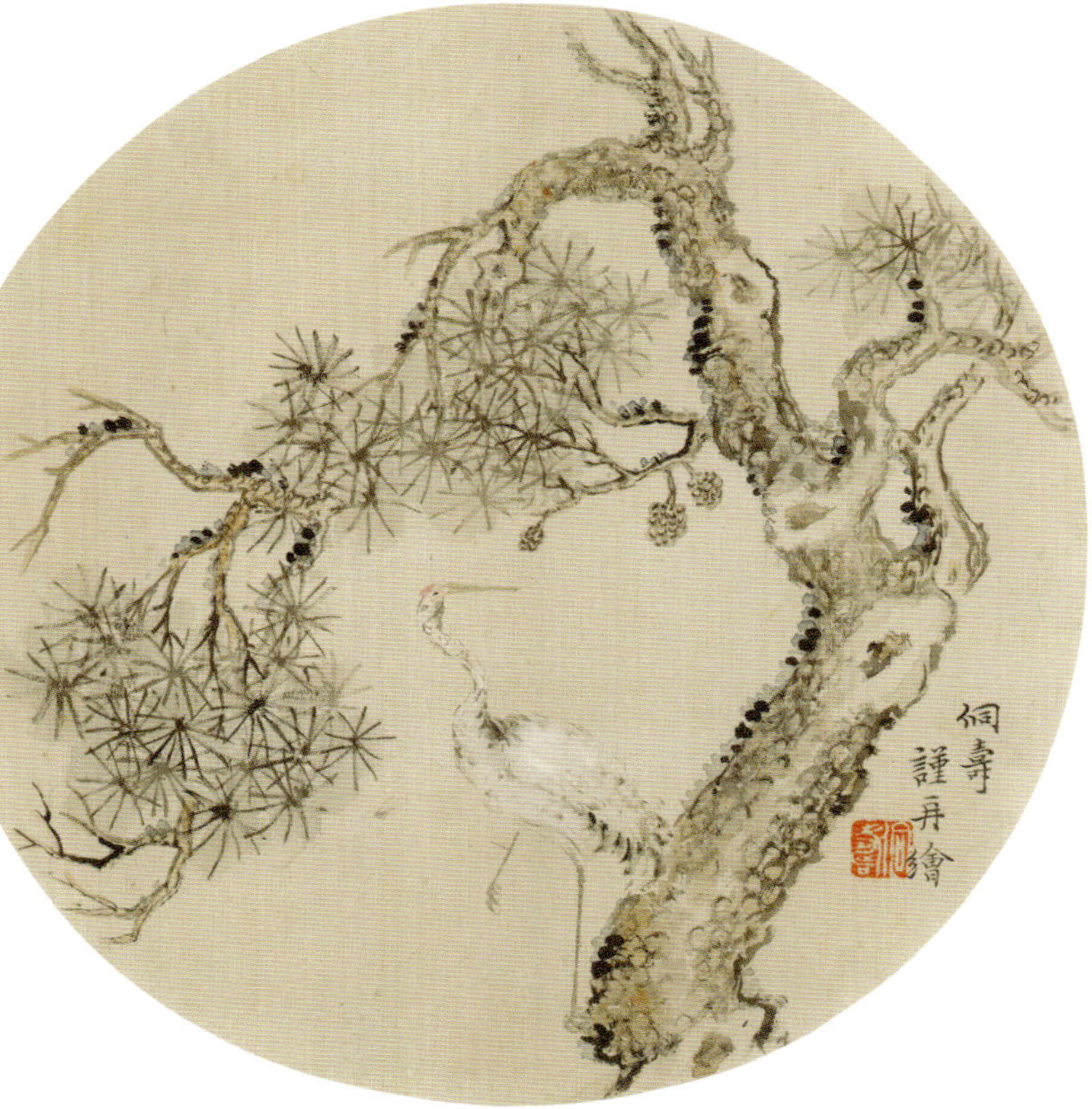

松に鶴。画帳に収められた団扇絵。中国、清朝（1644-1911）、18世紀。絹本に墨と絵の具。直径23.8cm

（右）青銅製噴水用ノズル。ポンペイ。紀元1世紀。高さ53.3cm

（下） エドワード・ミリントン・シング（1860-1913）、樹木の習作、ボルゲーゼ荘。1903年。エッチング。19.1x14cm

ゲオルク・ディオニシウス・エーレット（1708-70）、*Pinus americana palustris*の習作。1741年。上質皮紙に水彩とグワッシュ。53.4x36.7cm

ハイデルベルクで生まれたエーレットは傑出した植物画家で、同時代の主立った博物学者や造園家のすべてとつながりがあった。1736年にイングランドへ移住する前にはオランダでリンネに会っているし、移住後はサー・ハンス・スローン、チェルシー薬草園のフィリップ・ミラー、ピーター・コリンソン、ポートランド公爵夫人、オックスフォードの大学植物園などの仕事をした。この１枚にはフィリップ・ミラーが書き込みをしているのだが、誤って*Pinus americana palustris*をヌママツに結びつけている。しかし、ヌママツは*Pinus serotina*で、*Pinus americana palustris*は一般にダイオウマツと呼ばれ、ヴァージニア州をはじめとするアメリカ合衆国南東部の原産である。

ヤコブ・ファン・ハイスム（1687/9-1740）、
ヨーロッパクロポプラ（*Populus nigra*）。
石墨に水彩。37.5x26.5cm
ロンドンで1723年頃から開かれていた園芸家協会の月例会で名前が登録された植物を集めた画帳より（21ページ参照）。

Populus

ポプラ

この堂々とした木々は天の栄光にあこがれて
上方の枝を高く掲げ、
道ばたに並んでナポレオンの軍隊が
行進した距離を測っている……

リン・モイア、「ロンバルディーポプラ」(二〇〇五年)[*1]

ロンバルディーポプラ(*Populus nigra 'Italica'*、セイヨウハコヤナギ)は、ヨーロッパ人が最初に思い起こすポプラだろう。イタリア遠征のときに、遠くから目につく「歩哨」としての価値を見たナポレオンが、フランスでの植栽を盛んに勧め、ヨーロッパ人にはなじみのある木になっている。これはヨーロッパクロポプラ(*Populus nigra*)の変種で、西アジアで生まれ、十七世紀のペルシアやムガル帝国の庭園に植えられていた。その一例がジャハーンギール帝(在位一六〇五―二七)がカシミールに造ったシャリマール庭園だ。ロンバルディー種は、十七世紀のイタリアで平行直立した枝をもつ個体を選択的に栽培してできあがった。そのイタリアから一七四九年にフランスへ、一七五八年にイギリスへ、そして一七八四年に北アメリカへ移入され、大通りの並木や庭園の装飾として急速に人気を得ていく。そして、哲学者ジャン・ジャック・ルソーの墓を取り巻くポプラの木立のおかげで、ポプラはロマンティックなモチーフとしての評判も獲得した。この墓は北フランスのエルムノンヴィルにある庭園内の「ポプラ島」にあり、この地所の所有者で庭園の設計も行なったジラルダン侯爵はルソーを崇拝し、たびたびエルムノンヴィルに滞在して、一

フランソワ・ゴドフロワ（1743-1819）、ガンダ（1797年にエルムノンヴィルで死んだスイス人風景画家）のデッサンによる、『エルムノンヴィルの庭園に建つJ・J・ルソーの墓所』。1781年。エッチング。52.7x39.3cm

七七八年にここで死去した。ポプラ島には、ベンジャミン・フランクリン、トマス・ジェファーソン、ダントン、ロベスピエール、ナポレオンをはじめ、多くの著名人が墓参に訪れている。

直立した姿が目を惹くロンバルディーポプラがフランスで広まっていたことから、この木はフランス革命とその後の時代に「自由の木」の役目を与えられた。「自由の木」はもともとアメリカのもので、独立戦争の頃、旗や紋章を下げ、頂上にフリギア帽（古代ローマで自由を象徴していた）を被せた木である。これに採用される木の種類は特に決まっていなかった。アメリカでは「自由の木」として「ポプラ」が植えられたが、それらはチューリップポプラ（*Liriodendron tulipifera*、ユリノキ）で、ポプラ属ではない。しかし、フランスではロンバルディーポプラが手近にあった。死後の一八八一年に出版された未完の風刺小説『ブヴァールとペキュシェ』の中で、フロベールは——一八四八年の政変とそれに続く抑圧に関連して——革命の時代に自由の木（ポプラ）がどんどん植えられ、その後の反動期に切り倒されたことに言及している。

ホワイトポプラ（*Populus alba*、ウラジロハコヤナギ）の葉は片面が白く、もう一方の面が緑色をしている。アスペン（たとえば*Populus tremula*、ヤマナラシなど）と同じ仲間に入るホワイトポプラは、十番目の功業を達成した栄誉としてヘラクレスに捧げられ、それによってギリシアに伝わったという話が古典に出てくる。同じ話のローマ神話版では、ローマのアウェンティヌスの丘の洞穴に住んでいた、牛を盗む怪物カークスを倒したヘラクレスが、丘を覆っていたホワイトポプラの葉をつないだ綱を額に結んで勝利を祝ったという。

ミケランジェロ（1475-1564）、パエトーンの墜落。1531-3年。鉄筆の下絵に黒チョーク。31.2x21.5cm

ミケランジェロはオウィディウスの『変身物語』(II, 294-366）の中からユピテルの雷がパエトーンが乗る太陽の戦車を破壊する瞬間と、悲しむ姉たちが木に変身する瞬間を合成した。この話より後に、いろいろな木がオルフェウスの音楽に引きつけられる場面で、オウィディウスはこの木々をポプラと呼んでいる。

オウィディウスの『変身物語』には、「太陽の子どもたち」ヘリアデスが、弟パエトーンの馬を太陽の戦車につないで、知らずにパエトーンの悲劇的な最期を招いてしまったため、神々によって樹木――おそらくはホワイトポプラ――に変えられてしまったという話がある。

Populus sect. Aigeiros（クロヤマナラシ節）にはヨーロッパ、西アジア、そして北アメリカ原産のポプラが三種含まれている。アメリカで一般にコットンウッド（*Populus deltoides*）と呼ばれる種は、「奇妙な果実」という歌で悪名を馳せた。一九三九年にエイベル・ミーアポルによる歌詞をビリー・ホリデイが歌ったこの作品は、リンチされたアフリカ系アメリカ人の衝撃的な場面を描写している。

南部の木は奇妙な果実をつける
血が葉を染め、血が根に滴り
黒い死体が南部のそよ風に揺れる
奇妙な果実がポプラの木にぶら下がっている

231　ポプラ

C・J・グラント（1830-52活躍）、『ポップ・ラーの木』。1831年６月。手彩色のエッチング。24.6x15.3cm

このポプラ、つまり「ポピュラー(民衆)」の木は象徴的な憲法の木に対する引喩で、1832年の改正選挙法に至る政治騒動の批評の場になっている。この木には「白抜き」のシルエットが隠されていて、いちばん上がウィリアム４世、その下には改革に賛成するホイッグ党のグレイ、ブロアム、ラッセル、ダラムの各卿が見える。木の根もとをかじるネズミたちは、憲法を倒そうと試みている改革派だ。絵の下には次のような文章が添えられている。「生まれた土地にしっかりと深く根を張って／嵐や害獣にも負けずに上へ成長し／自由の血統に養われて自立する／新芽は実りを約束し、日の出を歓迎する」

仇英《きゅうえい》（1494頃-1552頃）派、梅下婦人図の掛け軸。中国明代（1368-1644）、1500年頃。絹本地塗りに墨と絵の具。102.7x50.7cm

Prunus

ウメ、アンズ、モモ、サクランボ

スモモ属（*Prunus*）には、ウメ、アンズ、モモ、サクランボをはじめとして、果実と装飾のために昔から栽培されてきた花樹が少なからず含まれている。特に東アジアで、主に花の美しさで珍重されるが、アンズとモモの果実は象徴的な意味も持っている。

中国ではウメ（*Prunus mume*）が冬の象徴かつ春の前触れで、冬の終わりに葉が出る前に咲くことから、忍耐と長寿のしるしとされている。五枚の花弁は、長寿、富裕、無病、徳を好むこと、天寿を全う

（右） 磁器の杯３個、 上からウメ（*Prunus mume*）、アンズ（*Prunus armeniaca*）、モモ（*Prunus persica*） のエナメル絵付け。12カ月それぞれの花木を描いた12個組の一部。中国清代（1644-1911）、1662-1722年。それぞれの高さ5 cm
このような磁器は18世紀前半に人気を博したが、残っているものは少ない。

（左） 伝狩野派、 紅梅と折れ竹の二曲一隻屏風。 日本。17世紀初め、 桃山時代（1573-1603）または江戸時代（1603-1868）。紙に金箔、墨、絵の具。176x191cm
竹と梅は「歳寒三友」のうちの２つで、残り１つは松である。

することという五福を表わす吉兆であり、「歳寒三《さいかんさん》友《ゆう》」の一つ（ほかは松と竹）、「四君子《しくんし》」の一つ（ほかは蘭、菊、竹）、そして蘭（春）、蓮（夏）、菊（秋）、梅（冬）という四季を代表する花の一つとして中国の文化で重要視されている。忍耐、清廉、節操を表わす「歳寒三友」は、最初詩のモチーフとして現われ、次いで十世紀の宋代に絵画の題材となった。中国の三大宗教――仏教、道教、儒教――になぞらえられることも、文人の理想を表わしているとされる

ことも多い。こうした伝統的象徴は共産党時代にも残っていた。毛沢東（一八九三―一九七六）は書や詩の才能も持ち合わせ、これらの腕前を自分の権威を高めるために使った。一九六三年に過去三五年の間に書いた詩を集めて出版したが、その中に一九六一年十二月九日に、宋代の詩人陸游《りくゆう》（一一二五―一二一〇）の「詠梅」に応えて書かれた「寒梅への賛」がある。

春は風雨とともに帰り
飛雪が春を迎える
百丈の崖につららが下がり
それでも枝の先に梅が咲く

梅は美しさを誇る娘ではなく
ただ春の訪れを知らせる
山の花が爛漫と咲く頃
彼女は草むらの中で微笑む*1

名所江戸百景
亀戸梅屋舗
廣重画

（右）歌川広重（1797-1858）、**亀戸梅屋舗。1857年陰暦11月。色刷り木版画。35x22.8cm**
広重の連作「名所江戸百景」の第30番。前景の木は、枝が長く伸びて地面に着いたため、臥龍梅という名を与えられていた。

（左）メアリー・ディレーニー（1700-1788）、**アンズ**（*Prunus armeniaca*）。**1779年。墨塗りの下地に水彩とグワッシュで彩色した紙のコラージュと押し葉。28.6x22.4cm**

リチャード・ニクソンは一九七二年に訪中したとき、この詩を周恩来（中華人民共和国の初代首相）から贈られ、その意味について、次のように説明された。「先に立って物事を起こす人はその達成を経験することはできない、花が満開になったときにはもうしおれて枯れるばかりなのだから。」ニクソンが次に中国を訪問したのは一九七六年のことで、彼はもう大統領の職になく、周恩来はこの世にいなかった。

東洋がその姿と象徴としての意味に感じていた花咲くスモモ属の魅力は、一八五九年の開国後に日本の装飾美術、とりわけ浮世絵を通じて西洋に紹介された。広重が最後に制作した連作『名所江戸百景』（一八五六―八）には印象的な梅園の絵があり、ファン・ゴッホは一八八七年にこれを入手して油絵に模写した。

アンズ（*Prunus armeniaca*）とモモ（*Prunus persica*）は中国からシルクロードとアレクサンドロス大王の遠征によってヨーロッパに伝わった。もっ

緑手五彩（ファミーユ・ヴェルト）深皿。実をつけた杏の枝に止まる鵲《かささぎ》の絵付け。中国、清代（1644-1911）、1713年。直径14.5cm

とも、長い間、アンズはアルメニア、モモはペルシアが原産だと考えられていた。一七一三年に清の康《こう》熙《き》帝（在位一六六二―一七二二）六〇歳の誕生日のために作られた皿には、三個の杏とカササギの組み合わせが描かれ、「三人の首席の偉業を喜ばしく告げる」というめでたいメッセージを作り上げている。カササギは喜びの鳥であり、アンズは科挙の郷試、会試、殿試の首席を表わしていた。アンズは陰暦二月に花が咲く。科挙の最終試験もちょうど同じ頃に行なわれ、合格者は御苑の杏林での宴会に招かれた。

梅と桃は中国の新年である春節を飾る花である。温室で苗木を育て、咲かせた花は、新年の富と繁栄のしるしと考えられている。しかし、もっと重要なのは果実の方で、桃は長寿を連想させる。西王母《せいおうぼ》は崑崙山《こんろんざん》に住む道教の女仙で、その地で穫れる桃と一緒に描かれることが多い。西王母の桃の木は三千年に一度しか花をつけず、その実が熟すにはもう三千年が必要とされる。

ヤン・ボッシュハルト（活躍1610/11-28）、**スモモの枝**（*Prunus domestica*、セイヨウスモモ）。**1623年。グワッシュ。20x31cm**
これはサー・ハンス・スローンが1724年にオランダで入手した、「1637」というスタンプが押された5冊の画帳のうちの１冊に含まれている。他の４冊にはデューラーの作品が入っていた。セイヨウスモモは最初シリアで栽培され、ローマ人によってヨーロッパに移入された。

宜興《ぎこう》で作られた陶器製水滴。 中国、 清代 (1644-1911)、18世紀。長さ16.8cm
文人の文房具の１つ。硯で墨をするための水を入れた。桃の形は特に縁起のよいものとして喜ばれたことだろう。

桃花文粉彩（ファミーユ・ローズ）琺瑯絵付け陶器の花瓶。中国、清代（1644-1911）、雍《よう》正《せい》年間（1723-35）。高さ52cm
この花瓶に描かれている９つの桃は陽の最大数であり、永遠を表わしている。

ローマ人は紀元一世紀にはアンズやモモを栽培していて、プリニウスも「これに対してモモの木はごく最近導入され、しかも困難が伴っていた。というのはモモがエジプトから最初に移植された先のロードス島では、まったく実を結ばなかったからである」[*2]と書いている。イングランドでは、これらの木について十六世紀をさかのぼる記録がない。一五四二年に、ヘンリー八世のお抱え造園師が、イタリアからアンズの苗木を運んできた手柄を記されている。シェイクスピアとジョン・フレッチャーが一六一三年に書き上げた『二人の貴公子』の中には、貴公子のひとりパラモンが、愛する人を獲得する手段として、アンズの木をうらやましげに語るくだりがある。

ジャック・ル・モアーヌ（1533頃-88）、モモ。1585年頃。上質皮紙に水彩とグワッシュ。21.3x14cm

1961年に見つかった、水彩で果物と樹木を描いた50枚入り画帳の中の１枚（193ページ参照）。

(右) 中国共産党成立70周年を祝うポスター。1991年。リトグラフ41.7x30cm

(左) 硬質磁器のクリーマー、蓋付きシュガーポット、小皿。「ドナテッロ」ディナー・ティー・コーヒー・セット。ローゼンタール陶器会社。1910-22年頃製造。高さ12.5cm（クリーマー）、高さ9.1cm（シュガーポット）、直径20.5cm（小皿）

「ドナテッロ・セット」は20世紀の初頭、この会社が作った最高のデザインの１つに数えられる。形は1905年に開発されたものだが、ワイルドチェリー（*Prunus avium*）の装飾は、1909年に入社し、1910年に美術部門を任された、ユリウス・ヴィルヘルム・グールトブランセンの創作である。

……もしわたしが
今より後の生涯のすべてと引き換えに
あの小さな木に、花咲くアンズになれるなら
わがぶしつけな腕を広げ伸ばして
彼女の窓に差し入れよう
神々が食べるに相応しい果実を届けるために[*3]

「花見」は古い日本の伝統的習慣で、花の咲いた木の下でピクニックをする。もともとの花見は梅の花が対象だったが、十二世紀にはそれが変わり、今はサトザクラ（*Prunus serrulata*）やその園芸品種で装飾的な花をつける桜の木になった。文学では十一世紀に女流作家紫式部による『源氏物語』の第八帖「花宴《はなのえん》」が初出だろう。最初、この催しは宮廷の内部に限られていたが、その後他の階級にも広まり、江戸時代（一六〇三―一八六八）には広く行なわれるようになった。今日も日本の人々は、南日本で一月から二月初旬に始まり、三月から四月にかけて京都や東京に訪れる桜の開花を祝って花見に出かける。

十七世紀末に長崎という視点から日本を観察したエンゲルベルト・ケンペル（171ページ参照）は次のような考察を残している。「桜や梅は美しい花だけのために植えられている。交配によって花の大きさは八重咲きのバラと同じほどになり、一度に大量に開花するため、血に染まった雪のように木の全体を覆う。こういう木が民家や寺院の庭園にとって最大の装飾である。[*4]」一斉に開花する桜の奇跡的な光景から、「花咲かじいさん」などの民話が誕生した。この話はアンドルー・ラングが世界中のおとぎ話を集めた中の一冊で、一九〇一年に出した「むらさきいろの童話集」に、「うらやましがりの隣人」として出てくる。物語の中で、ある老人が米を金に変える不思議な臼を持っている。嫉妬した隣人がその臼をたたき割って燃やしてしまうが、その灰を桜の枯れ木に撒くと、冬のさなかだというのに花が咲き、通りかかった大名がそれを喜んで老人にたくさんの褒美を与えたのだった。

十九世紀後半から、サトザクラだけでなく、オオヤマザクラ（*Prunus sargentii*）、オオシマザクラ（*Prunus speciosa*）など日本の装飾的な品種の桜がヨーロッパや北アメリカの各地に植えられるようになった。しかし、他のサクラは昔から存在していた。ヨーロッパの考古遺跡で見つかるサクランボの種から、ワイルドチェリーとも呼ばれるセイヨウミザクラ（*Prunus avium*）が、遅くとも紀元前二千年代には食べられていたことがわかっている。近縁のスミミザクラ（*Prunus cerasus*、サワーチェリー、モレロチェリーなどと呼ばれることが多い）とともに、セイヨウミザクラは南西アジアで栽

日本の桜が刺繍された絹の歌舞伎衣装。下襲《したがさね》が２枚あり、うち１枚には桜の模様がある。20世紀前半。長さ208cm
この衣装は、1753年に初演された舞踊劇『娘道成寺』で白拍子花子を演じる男性の役者が着る（歌舞伎は男性だけが舞台に立つことを許されている）。

培されていたものがトルコとギリシアに伝わり、そこから西ヨーロッパに達した。プリニウスはこう書いている。「建都六八〇［紀元前七四］年にルキウス・ルクルスがミトリダテスとの戦いに勝利するまで、イタリアにサクランボの木はなかった。ルクルスはポントスから初めてサクランボをイタリアへもたらし、そしてその後一二〇年の間にサクランボは海を越えてブリタニアにまで広まった。……サクランボの種類ではアプロニウス種がいちばん赤く、もっとも黒いのはルタティウス種、そしてカエキリウス種は完璧な球形だ。[*5]」

尾形月耕(1859-1920)、日本花図絵より『花咲の翁』。
1890-1920年。色刷り木版画。36.7x25.3cm

（右） オーク製の船首像。 ベルギーのスケルデ川で発掘。紀元4-6世紀。高さ149cm
かつてはヴァイキングのものとされていたが、科学的分析（放射性炭素年代測定）によってそれ以前の時代であることが判明し、ローマ時代後期またはゲルマン人の船についていたと推測される。

（左） ハチ１匹とセミ２匹が止まっているオークの金冠。ヘレニズム期、紀元前350-300年。長さ7.7cm、直径23cm
この金冠は、エーゲ海と黒海を結ぶダーダネルス海峡に近いトルコの墳墓からの出土品と伝えられている。

Quercus

オーク

常緑樹と落葉樹、合わせて九百種を超えるオークが、ヨーロッパ、アジア、南北アメリカに分布している。強さと忍耐の象徴として、この木は地域や民族や帝国のアイデンティティーに関わる神話の数々を支え、ギリシア神話の主神ゼウスや北欧神話の雷神トールをはじめとする神々の聖樹だった。
ギリシア北西部ドドナにあったゼウスの聖域――ギリシア最古の神託所とされている――の中心にはオークの古木（おそらくヴァロニアオーク、*Quercus*

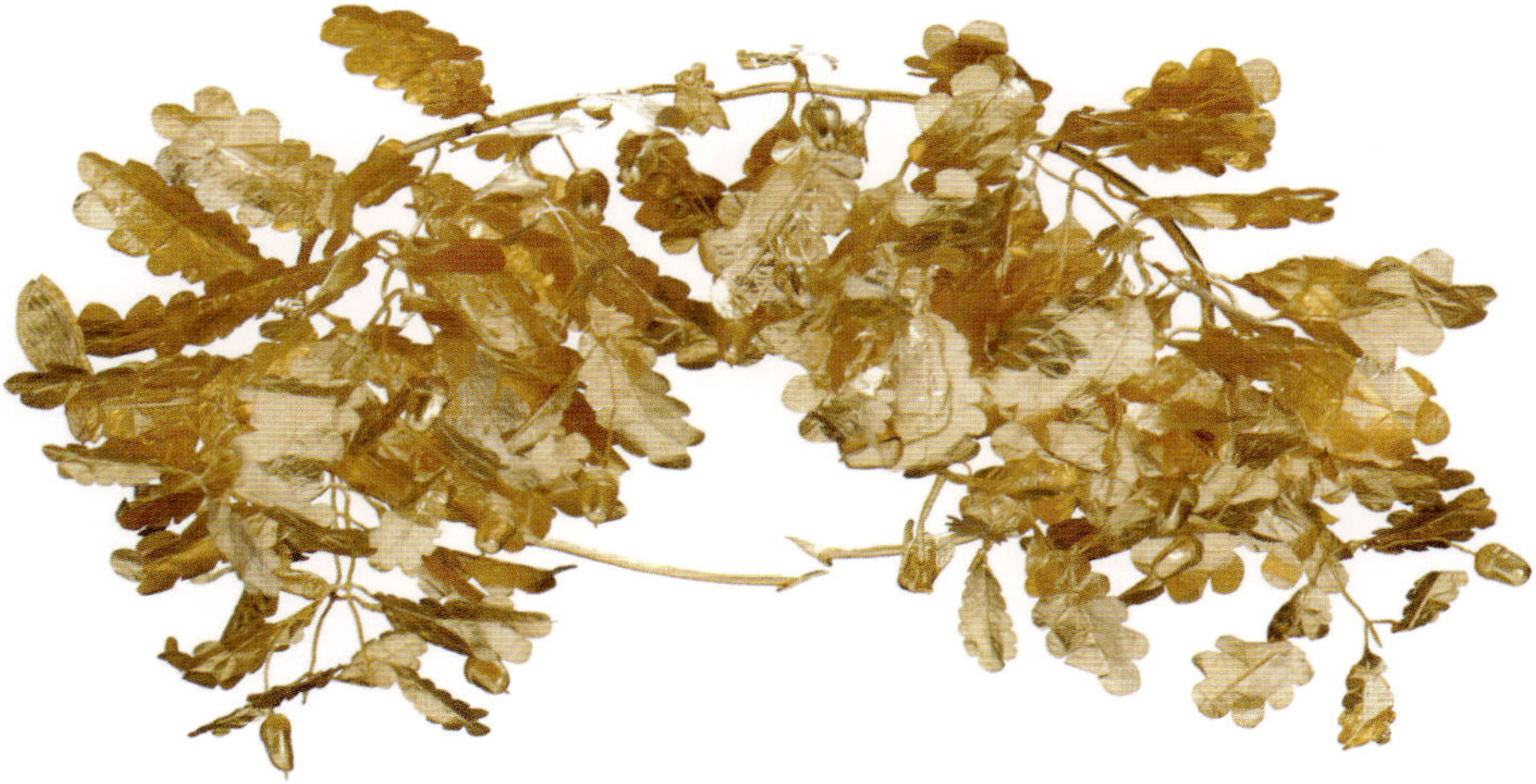

macrolepis）があった。ヘロドトスによると、エジプトのテーベから黒い鳩が飛んできて、この場所にゼウスの神託所を作るようにと人間の声で言ったという伝説があった。[*1] ホメロスの『オデュッセイア』の中で、主人公オデュッセウスは「長い留守の後に、イタケーの緑豊かな地にどのようにして帰るべきか、ゼウスの考えを高く茂った樫《オーク》の木の葉擦れから聞こう」と、ドドナへ行く。[*2]

金で作られたオークのリースはギリシアの神殿や聖地の財宝目録に掲載され、マケドニア、イタリア南部、小アジア、黒海北部地方では副葬品として知られている。その一例が古代マケドニアの首都アイガイ（ヴェルギナ）で最近発掘された紀元前四世紀のものだ。オークのリースはローマ人から贈られた。プリニウスがその習慣について書いている。

同じ北方の地には、広大なヘルキュニアの森林が、長い年月にも変わらず、この世界と同じくらい古くからあって、不滅とも言えるその定めはあらゆ

ジョン・ダンストール（1693没）、チチェスターのウェスト・ハムネット・プレイス近くのポラード・オーク（木目を密にするための特殊な栽培法）。1660年頃。上質皮紙に石墨と水彩。13.4x16cm

遺言書に自身を教師と書いたダンストールは、「線描またはデッサンの技法―全６巻」の草稿を残した。そのうち３巻は樹木、草花、果実が主題になっている。彼が主眼を置いていたのは神の創造したものを描写することによる精神的な効用で、「素直に行なえば、貴婦人や名門の上流婦人」のためになり、また画家や版画家らには実用的な役に立つだろうと書いている。

る驚異を超える……それらはほぼすべてドングリのなる種類のオークで、ローマ人はこれに対して常に高い敬意を捧げている。なぜなら、これらの木から市民冠が作られるのだ。この冠は兵士の勇気を示す輝かしい象徴だが、とおい昔には皇帝の慈悲の象徴でもあった……市民冠は、初めはホルムオーク〔*Quercus ilex*、セイヨウヒイラギガシ、常緑樹〕の葉で作ったものであった。その後、ユピテルの聖樹チェストナットオーク「クリに似た葉をつける *Quercus casteinfolia*〔*castaneifolia*〕ではなく、ヴァロニアオークであろう」を用いたもののほうが好まれるようになった。[*3]

ドングリは象徴としてだけではなく、経済的にも重要性をもっていた。プリニウスによると、特に現在のスペインにあたる地方ではドングリを乾燥させて粉に挽き、パンを焼いて食卓に供していたという。「ドングリは多くの民族にとって、平和を享受している現在もなお、財産の一部である。[*4]」

プリニウスが名を挙げた「ヘルキュニアのオークの森」は、現在のドイツ南部に、西はシュヴァルツヴァルトから、東はカルパティア山脈までを覆っていた。しかしこれは、十八世紀から十九世紀にかけてドイツの文化的民族的アイデンティティーの要となった古代の森のほんの一部にすぎない。このアイデンティティー形成の中心的人物が、この森で紀元九年にローマ軍を破ったゲルマンの族長ヘルマンである。歴史家タキトゥスの記述（紀元二〇年頃）を下敷きに、詩人のF・G・クロプシュトック（一七二四―一八〇三）は三篇の頌歌を書いた。中でいちばんよく知られているのは一七六七年作の「ヘルマンの戦い」

だろう。プロイセンがオーストリアやロシアととも に一八一三年にライプツィヒの戦いでナポレオンを破ったとき、ヘルマンの勝利との類似が即座に喚起され、ヨーロッパ解放戦争の戦中戦後に、この森は自由と団結の象徴となった。

ドイツの版画家、C・W・コルベは樹木と深い関わりがあり、アイヒェンコルベ（「オークのコルベ」の意）というニックネームを奉られた。彼はこう書いている。「わたしを芸術家にしてくれたのは木々だ。もし天国に木が生えていないなら、教会には一銭たりとも捧げたくない。*5」この場合も、森林に対する彼の視覚的な思い入れは、あらゆるものにおよぶゲルマン人としてのアイデンティティーと密接な関係があった。一八〇六―九年、ナポレオン戦争の最中に、コルベはドイツ語とフランス語を比較した論文を発表している。意図したのは、ドイツ語には自然な表現力があり、フランス語のようなロマンス系言語の人工的な優雅さよりも優れていて、人類の祖語に相応しいことの証明だった。コルベが鬱蒼と茂る

（前ページ）カール・ヴィルヘルム・コルベ（1759-1835）、**『パラモンのオーク』。1798年。エッチング。57.8x74.2cm**
主題はスイスの高名な作家で詩人のザロモン・ゲスナー（1730-88）による同名の牧歌からとられている。イダスとミュコンというヤギ飼いが木陰でパラモンの遺徳を偲んでいる。遠い昔、パラモンは牧神パンに、隣人と分け合い、犠牲としてパンに捧げられるよう、自分の持つ貧弱な羊の群れを増やしてほしいと祈った。その祈りがかなえられたとき、パラモンはこのオークを植えてパンに捧げたのだった。

（右）　デイヴィッド・ラビノウィッチ（1943生）、**『*Altan : Ruthe*』、３枚組版画の１点。2004年。木版。69x50cm**
作者はカナダ人の彫刻家版画家素描家で、1972年以降ヨーロッパの主にドイツで活躍している。2002-4年に制作され、合計13枚の木版画から成る３つの*Altan*ポートフォリオは、ヴィースバーデンにある作者の自宅近くに生えているオークに想を得た。ヴィースバーデンを見下ろすネロ山には樹齢一千年と言われるオークの木立があり、ヘッセン州の北部に広がるラインハルトの森はドイツ有数の広大な森林で、オークやブナが有名である。

森の空き地に見た牧歌的な幻影から、たった一本、裸のことも多いカスパー・ダーヴィト・フリードリヒの風景画まで、オークはドイツのロマン主義絵画で重要な表現の一つとなっている。

イギリスに目を向けると、ウィリアム・ブレイクの詩『エルサレム』が記憶を呼び覚ました「アルビオンのオーク林」には、主にヨーロッパナラ（*Quercus robur*）やフユナラ（*Quercus petraea*）が生えていた。十七世紀の末にアメリカ北東部から新種のチェストナットオーク（*Quercus prinus*）とスカーレットオーク（*Quercus coccinea*）が持ち込まれたが、それらは「地元」の仲間たちが背負っていた象徴性を引き受けなかった。ロバート・ヘリックの詩「アンシアに捧げる」（一六三三）は古くからの慣習である教区の「境界検分」に触れている。もしオークの木が境界になっていたら、その木に向かって福音書《ゴスペル》を読み上げる習わしだった（ロンドン市内の地名「ゴスペルオーク」はここから来ている）。

愛しい人よ、わたしが死んだら
あの聖なるオークの、福音の木の下に葬っておくれ
そうすれば、(目には見えずとも) おまえは
思い出してくれよう
年ごとの行列で練り歩くたびに

このように特別な地位を与えられているにもかかわらず、オークは他の木々と同じように多種多様な用途の犠牲になってきた。オークの利用は、内陸の水路を往き来するために幹をくりぬいて丸木舟が作られた青銅器時代や、造船に使う木材と金属精錬に使う木炭を供給するために南イングランドのオークの森を消耗させたローマ人の時代までさかのぼることができる。イーヴリンが一六六四年に『樹林誌』で嘆いた状況 (28、118ページ参照) は国家の非常事態だった。伐採したオークの補充はいつの世にも議論の的で、その一例がジェイムズ・ホイーラーの著書『現代のドルイド―オーク苗の良好な栽培に

（右） 金と銀の土台にダイアモンドをちりばめたオークの葉のティアラ。1855年頃。 幅4.8cm（中央の小枝）、 幅9.3cm（外側の小枝と櫛の台）、16.3cm（サークレット）

３つの小枝は取り外すことができ、別の台に取り付けて大きなコサージ形のブローチや、２つの髪飾りになる。 箱に記されたイニシャルや宝冠から、メアリー・ポートマン子爵夫人のものだったと推測され、1855年19歳での結婚祝いだった可能性が高い。若い女性は結婚するまでダイアモンドを身に着けないものとされ、またオークはその耐久力から貞節を意味していた[*6]。

（上） トマス・ピンゴ（1714-76）、オーク・メダル。 オーク・ソサエティの依頼によって制作された銀製メダル。1750年。 直径3.3cm

メダルの表面には小僭王、チャールズ・エドワード・ステュアート王子の胸像が刻まれている。裏面には枯れたオークの横に元気よく育つ若木にREVIRESCIT（新たに繁る）という文字が添えられている。オーク・ソサエティは1749年に結成された。会費として1ギニーを納めると、会員は銅でできたこのメダルを1枚もらう権利を与えられた。メダルは銅で283枚、錫で50枚、銀で102枚、金で６枚鋳造されている。金製や銀製のものには会費のほかにその金属の価値に見合う金額の支払いが必要だった。

関する指針を含めて』（一七四七）である。海軍はオーク林衰退の張本人だったが、またオークとともに強力な国家の象徴を作り上げた。俳優のデイヴィッド・ギャリック作詞、ウィリアム・ボイス作曲で一七五九年に初演された『オークの心』は英国海軍の公式行進曲である。

一六六四年にはチャールズ二世が「ブラックウォールを訪問し、造船所と新しくここに造られたウエット・ドックと、まもなく進水の予定で、ロイヤル・

オーク号と命名されるという噂の見事な新造の商船を視察」したと、サミュエル・ピープスが記録している。この年にポーツマスで進水したロイヤル・オーク号は、一六五一年、ウスターの戦いに敗れたチャールズ二世が身を隠したボスコベルのオークの木を記念して命名された。ロイヤル・オークを名乗る酒場があちこちに現われ、王政復古の後にはチャールズの誕生日である五月二十九日が毎年「オーク・アップル・デー」として祝われる。オークはクロムウェルが廃止した「正当な」イギリス憲法を連想させるものになった。チャールズ一世の処刑を風刺した一六四九年の版画の中で、クロムウェルは地獄の口に立ち、「ブリテンのロイヤル・オーク」破壊を命じている。てっぺんを切り取られたオークはチャールズ一世への哀悼のしるしで、襲われているオークの根から「revirescit（新たに繁る）」という言葉を添えられて芽吹いている苗木は、十八世紀にジャコバイトのシンボルとなった。オークに対する感傷的な執着は、一七四六年「小僭王」いとしのチャー《ボニー・プリンス・》

（前ページ）『ブリテンのロイヤル・オーク』、クレメント・ウォーカー著『イングランドの無政府状態―または独立の歴史第2部』の扉絵。1649年。エッチングとエングレーヴィング。17.3x23.3cm

オークの枝に『国王の肖像』が吊るされている。チャールズ１世がみずからキリスト教の殉教者となる誓約と考えられている本で、処刑の10日後に出版された。一緒に吊るされているのは、聖書、王冠、笏と王の紋章、マグナ・カルタ、その他の法律である。

（右）連合古代ドルイド団のバッジ。銀製メダルに青い箔を貼り、金色に塗った金属で盾形の紋章、３本のオーク、帯飾りに立つドルイドと戦士、オークの樹冠を持つドルイドが描かれ、周囲を花輪と楽器で囲んでいる。1836年。長さ9.9cm

このバッジは「ブラザーズ・オブ・レイドー」というドルイド団の「ロッジ」から、「1836年3月25日までN.A.［ノーブル・アーチドルイド］としての働き」を賞してジョン・ヘアマンなる人物に贈呈された。

ルズ王子《チャーリー》がカロデンで敗北した後にも続いている。「revirescit」の画像はジャコバイトの記念グラスに現われ、またオーク・ソサエティの会員の依頼で制作されたメダルにも見られる。オーク・ソサエティはロンドンのストランド街、セント・クレメント・デーンズ教会に近いクラウン・アンド・アンカーという店を集会場にしていた。このメダルはまちがいなくチャールズ・ジェイムズ・エドワード王子のための資金集めを意図している。チャールズ王子は一七五〇年にこっそりロンドンを訪れ、ストランド街近くに滞在した。ジャコバイトと話し合い、英国教会の内部にいた一派とは一緒に聖餐を受けて、プロテスタントの君主となる意欲を示し、ロンドン塔の襲撃まで考えたが、支持が足りないとあきらめたのだった。

　プリニウスはドルイドについて、次のように書いている。「そこ［ガリア地方］」の人々は神官をそう呼ぶのであり……彼らはヤドリギとそれが寄生する木を何より神聖なものとするが、ただしその木はヴ

トマス・トフト（1689没）、オークの木に隠れるチャールズ２世を描いたスリップウェアの深皿。オークの両側にはライオンと一角獣という、イングランド王室の紋章を示す動物が配置されている。1670-80年。直径50.5cm
作品が高く評価されるようになったトフトは、1671-89年頃スタッフォードシャーで作陶したとされている。貧乏のうちに亡くなり、ストーク・オン・トレントに埋葬された。

ァロニアオークに限られる。[*7]」イギリス諸島先住民の歴史に対する興味が十七世紀から十八世紀にかけて燃え上がったのは、ストーンヘンジをはじめとする遺跡の力と、「ケルティック・フリンジ」と呼ばれてケルトの伝統の色合いを濃く残す地域のロマンティックな魅力によるものだった。十八世紀後半になると、ドルイドや自然の神秘に対する彼らの畏敬の念が、哲学的、詩的、科学的に優れていたと賞賛する文書が相当な量に上っている。[*8]フリーメーソンに触発されて、ドルイド・ソサエティという団体も作られたが、理想や儀式好きなところがよく似ていた。モーツァルトのオペラ『魔笛』（一七九一年初演）には多層的にフリーメーソンの象徴への参照がちりばめられているが、その魔法の笛をタミーノに渡すとき、パミーナはこれが樹齢一千年のオークから作られていると告げている。古代ドルイド団という団体も、一七八一年にロンドンで設立された。しかし古代ドルイド団は一八三三年に、友愛団体として会員とその家族への福利厚生を目的のままにしておきたい多数派と、神秘主義的傾向の強い会員との間で分裂する。前者は集団で脱退して連合古代ドルイド団（現在も存続）を結成し、一八四六年にはイングランドとウェールズで三三〇カ所に加え、海外にも数カ所のロッジを持っていた。

イギリス諸島のアイデンティティーをローマ人やそれに続くノルマン人による征服以前の時代に求めて十九世紀以降に盛んになったケルト民俗学では、オーク、トネリコ（164ページ参照）、それにソーン（283ページ参照）が三大聖樹とされた。このロマンティックな考えがラドヤード・キプリングの子ども向け歴史小説『プークが丘の妖精パック』（一九〇六）冒頭の「木の歌」の下敷きになっている。

Oak Tree
near Finchley
E Gill 1853.

（前ページ）エドマンド・マリナー・ギル（1820-94）、フィンチリー近くのオーク。1853年。水彩。24.8x15.3cm

ギルは当初、肖像画家だったが、1841年にバーミンガムで画家のデイヴィッド・コックスと出会って風景画家に転身した。1842年から1886年まで王立美術院に作品を展示し、滝の絵が多かったことから「ウォーターフォール・ギル」と称された。ミドルセックスのフィンチリーは、当時北方からロンドンに入る主要な街道沿いの村だった。その村の「ランドマーク」の1つにオークの大木があり、ヨークで1739年に処刑された追い剥ぎにちなんでターピンのオークと呼ばれていた。

（右）ウィンザー・グレート・パークにあったシェイクスピアの『ウィンザーの陽気な女房たち』に登場するハーンのオークの一部。51.5x45cm

古きイングランドを彩って
美しく繁る木々のうち
天下に並ぶものがない
オーク、トネリコ、そしてソーン

粘土に育つオークは長生きで
「ブリトン人の祖」アエネーアースが生まれた頃
からある。
黒土に生えるトネリコは、「ブリテン島に渡って
きたトロイの」ブルートを
屋敷で待っていた奥方さま。
丘に根づくソーンは、新しいトロイの町の目撃者
（そこからロンドンが生まれたのだ）。
こういうわけで、昔からあったことがわかる、
オーク、トネリコ、そしてソーン！

『オークの心』を作詞したデイヴィッド・ギャリックは、シェイクスピアをイングランドの「国民詩人」に祭り上げた原動力だった。十九世紀に起こったこ

マシュー・ウィリアム・ピーターズ師（1741/2-1814）、『ウィンザーの陽気な女房たち』より、狩人ハーンに扮したフォールスタッフ。1793年頃。水彩。34.7x44.5cm
この作品は1793年にマックリンのシェイクスピア・ギャラリーに発表された版画のための習作と思われる。

の「崇拝」に関連する記念品が数多くある中に、『ウィンザーの陽気な女房たち』（第四幕第四場）に出てくる狩人ハーンの亡霊に結びついているウィンザーのホームパークのオーク材で作られた品々がある。一七九一年にウィリアム・ギルピン（82ページ参照）が「突き止め」たその木は、一八六三年に強風で倒れてしまった。ヴィクトリア女王みずから木材の一部を大英博物館に寄贈し、この木でキャビネットを作らせたということからも、この木がどれほど大切に思われていたかがうかがえる。木工職人のウィリアム・ペリーはウィンザーを訪れたときに切れ端をいくつか与えられ、それを使っていろいろな記念品を作った。その一つが一八六六年に制作したシェイクスピアのファースト・フォリオ用の箱だった（現在はワシントンDCのフォルジャー・シェイクスピア図書館所蔵）。その翌年、彼は『実生の苗を見せるハーンのオークの素性が本物であることに関する論考』を出版した。この木の「正統性」に対する彼のお墨付きである。

Salix

ヤナギ

『政界の泣き柳』、1791年５月13日。ウィリアム・ホランド（1757-1815）が出版した手彩色のエッチング。31.3x24.7cm

1791年５月６日にイギリス議会下院で起きた有名なできごとを皮肉っている。チャールズ・ジェイムズ・フォックスが、フランス革命を賞賛したことを理由にエドマンド・バークから絶交を宣言されて大泣きしたのだ。バークは「フランスの呪われた憲法にはすべてに毒をまき散らす何かがある」と、フォックスを切って捨てた。

バビロンの流れのほとりに座り
シオンを思って、わたしたちは泣いた。
竪琴はほとりの柳の木々に掛けた。
詩編一三七編一―二節

レンブラント・ファン・レイン（1606-69)、
『台伐り柳と聖ヒエロニムス』。1648年。
エッチングとドライポイント。18x13.3cm

シダレヤナギ（*Salix babylonica*）は「すすり泣く柳《ウィーピング・ウィロウ》」という名前を持ち、悲しみと喪失の普遍的な象徴になっている。種小名の「*babylonica*」は、冒頭に掲げた聖書に出ているユダヤ人のバビロン捕囚からつけられた。ヤナギの多くがそうであるように、シダレヤナギも中国西部の原産で、ヨーロッパに紹介されたのは十七世紀の後半になってからである。イングランドで最初の記録は一七四八年（トゥイッケナムのヴァーノン氏が栽培）だが、霜に弱いため、イギリスではほとんどが姿を消した。現在いちばん広く見られる「コガネシダレ」は*Salix x. sepulcralis*の栽培品種だが、これ自身も中国のシダレヤナギとヨーロッパのセイヨウシロヤナギ（*Salix alba*）の雑種である。

ヤナギはサルヤナギ、コリヤナギ、ポプラ（２２６ページ参照）などと同じヤナギ科（*Salicaceae*）に属している。いずれも成長が早く、幅広い土壌や気候風土でたやすく繁殖できる樹木だ。セイヨウシロヤナギとポッキリヤナギ（*Salix fragilis*）は北ヨーロッパに多く自生している。材木はバスケットやクリケット用バットに使われ、浸食予防のため川や運河に沿って植えられることがよくある。レオナルド・ダヴィンチがロンバルディアのアッダ川（ミラノ公国とヴェネツィア共和国の国境になっていた）を運河に作り替える方法を検討したとき、柳は土手を破壊するどころか、その根が土手を補強していることに気づいている。同じ理由から、柳はオランダの風景によく見られ、それがレンブラントやファン・ゴッホの作品にとらえられている。台株更新という、樹木の大きさを抑制する剪定法がある。他の画家が悔悛者として知られる四世紀の聖人聖ヒエロニムスを描く際に、砂漠や荒野を背景に選んでいる（たとえば、デューラーによる一五一二年の版画）のに対し、レンブラントの描く聖ヒエロニムスは台株更新された柳のかたわらに座っていて、この背景が人の手で「管理」された場所であることをうかがわせる。

アメリカ先住民は柳（たとえばナローリーフウィロウ、サンドバーウィロウ、コヨーテウィロウなどと呼ばれる*Salix exigua*）をものづくりと薬用の両方に使っていた。この木の内樹皮からはサリシンがとれる。サリシンはアスピリン（最初の特許は一八九七年）の有効成分で、痛みを鎮め、炎症を抑える効果がある。強靱で柔軟、かつ軽量な柳の枝は、バスケットや赤ん坊を背負うのに使う背負い板、そして背もたれに理想的な素材だ。アメリカンウィロウまたはアメリカンプシーウィロウ（*Salix discolor*）はカナダやアメリカ北東部のメイン州からメリーランド州に自生する種の一つだが、これの葉が紙幣の偽造防止に使われたことがある。一七三〇年から、ベンジャミン・フランクリンはペンシルヴェニア、ニュージャージー、デラウェアの各州が発行する紙幣の印刷を行なっていた。一七三九年、ナチュラリストで彫版師のジョゼフ・ブライントノールに影響されて、フランクリンは裏面に葉を印刷し始める。ブライントノールはインクを塗った葉を紙の間に挟んで印刷機にかける方法で「自然版画」を制作していた。フランクリンに言わせると、どんな偽金造りもこれを完全に真似ることはできない。なんとなれば、ブライントノールが自分の「自然版画」について言っていたとおり、それは「全宇宙でもっとも偉大で巧みな彫版師が彫ったものなのだから。

中国では柳が光の象徴で闇の敵とされ、春節には戸口に柳の枝を下げて魔除けにする。柳は慈悲の菩薩である観音の持ち物で、観音像にはしばしば柳の枝を差した水瓶が添えら

柳のブレッド・バスケット。ハンガリー、ティツァドログマのイローナ・バラティ作。1993-4年頃。直径20cm
ほかにも多くの国で見られる伝統的な形のバスケットだが、ここでは柳の２本どりを縁で折り返して斜め格子を作っている。

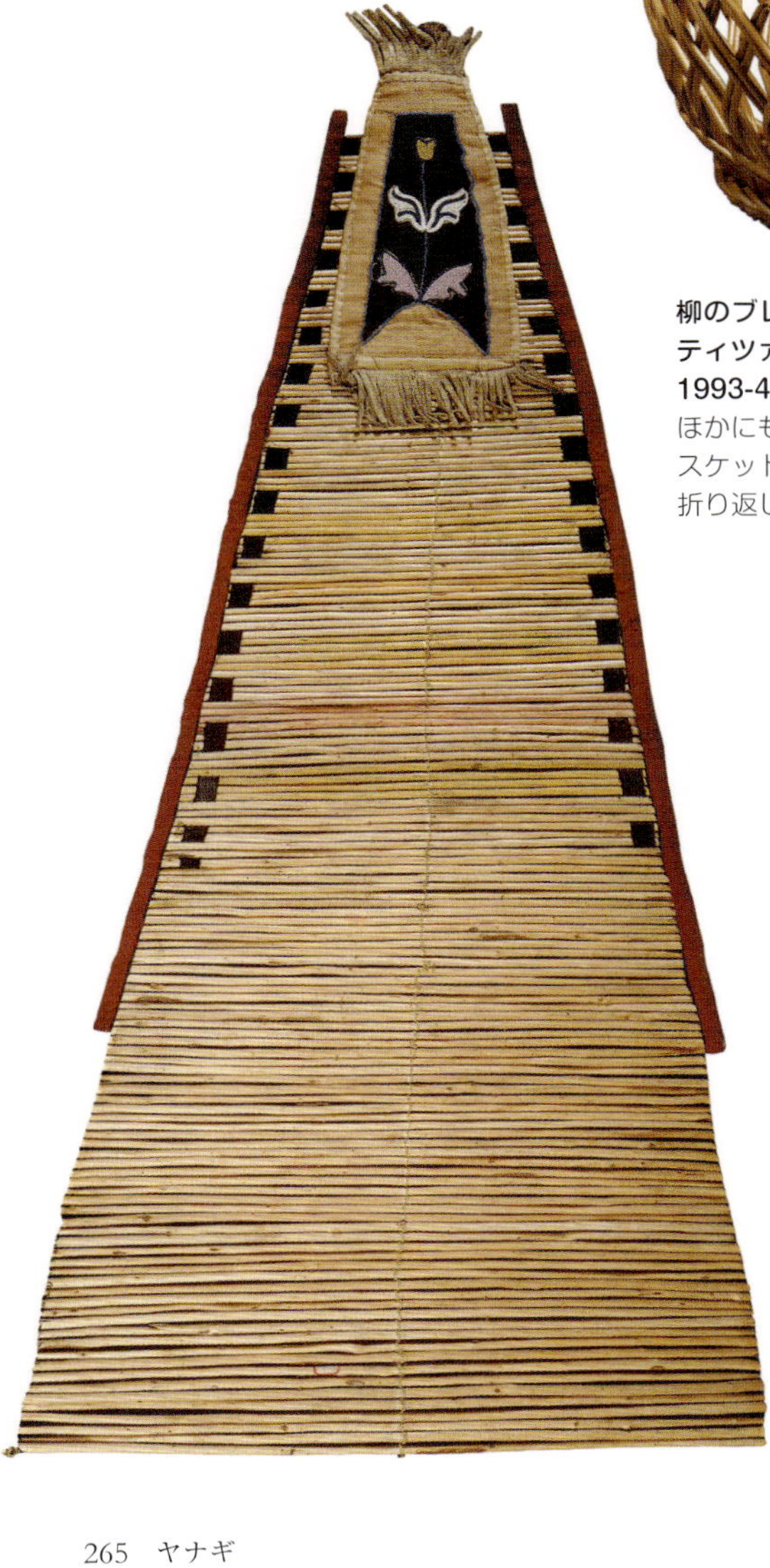

ティピーのベッドのヘッド部分に使われた背もたれ。柳の小枝、布、ビーズ、鹿皮でできている。カナダ、アルバータ州南部、カイナイ族。19世紀。長さ133cm

35ドルの銀行券。ペンシルヴェニアで1779年1月14日に発行。印刷はホール・アンド・セラーズ。9.3x7.1cm

れる（50ページ参照）。ウィロウ・パターンと呼ばれる、白地に転写による絵付けをした陶器がある。「シノワズリ」、つまり中国趣味が触発したものだが、それ以外に中国の文化や陶器と関係はなく、イギリスの陶芸家トマス・ミントンが一七九〇年に初めて製造したとされている。ミントンの工房をはじめ、それを真似た陶磁器メーカーが、これをかつて例のないほど人気のあるラインアップに仕立て、販売を促進するために「中国風」庭園に見られるものにまつわる物語まで作り上げていた。

白地に青でウィロウ・パターンを焼き付けた陶器皿。キングストン・アポン・ハルのベル・ヴュー・ポタリー製。1826-41年。直径25.4cm

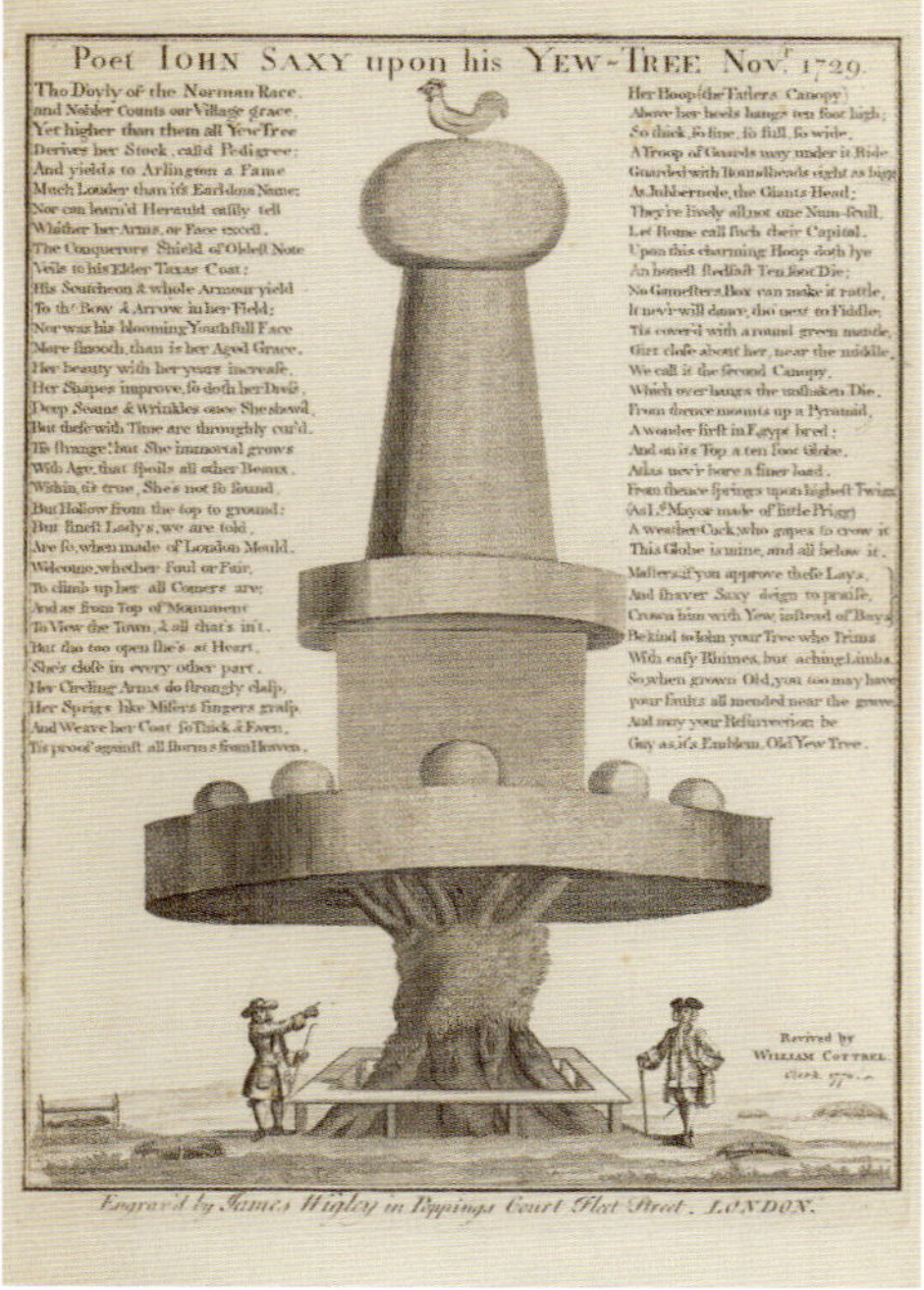

Taxus

イチイ

ロートンヴェールが誇りとしているイチイの木
昔と変わらず今もひとり
自分の木陰のただ中に立つ
嫌がりもせず武器を与えた
アンフラヴィルやパーシーの男たちが
スコットランドの荒野へ向かい
また海を渡ってアジャンクールで弓を鳴らした
[……]
幹周りゆたかに、鬱蒼とした暗がり
孤高の木よ！　生きる者よ
あまりにゆっくりと育ってきて、朽ちる日は永遠
に来ないだろう

ウィリアム・ワーズワース、『イチイの木』（一八〇三年作、一八一五年発表）

この詩の中でワーズワースはさらに、「あのボローデールの四本兄弟／集まって荘厳広大な林を造る」と歌い上げる。古さ、神々しさ、そしてしばしばもの悲しさを連想させるヨーロッパイチイ

ジェイムズ・ウィグリー(1700-82)、『詩人ジョン・サクシー、彼のイチイを歌う—1729年11月』。ハーリントンのイチイの古木に関するブロードサイド。1770年。エングレーヴィング。34.9x25cm

（*Taxus baccata*）は、北ヨーロッパでも有数の印象的な樹木である。イギリスやフランスでは教会の敷地によく見られるが、その教会自身よりもはるかに古いことが多い。イチイと死のつながりは、ギリシア神話から発していて、冥界ハデスの入口にあるペルセポネの木立に生える木の一つだった。木陰に育とうとする植物をすべて枯らしてしまう傾向があるにもかかわらず、イギリスではイチイが死だけではなく、復活の象徴ともなっているのは、常緑の葉をもっているためである。

イギリスでいちばん古い木はスコットランドのテイ湖に近いフォーティンゴールのイチイで、樹齢二千年から五千年と推定されている。初めて計測されたのは一七六九年で、古物研究家で博物学者のデインズ・バリントンによって周囲五二フィート（一五・八五メートル）と記録された。もう一本、イギリスで人々の想像力をかき立てたのは、樹齢九百年と推定されるハーリントンのイチイだ。ヒースロー空港に近いことから、自然保護を主張する人々が三本目の滑走路に反対する根拠に使われた。十八世紀にこの木は「トピアリー」という剪定を施された姿で描かれ、そこにこの奇想天外な形を作った「理髪師」ジョン・サクシーの詩が添えられていた。

先生方、もしこの形がお気に召して
理髪師サクシーを褒めていただけるものならば

メアリー・ディレーニー（1700-88）、イチイ（*Taxus baccata*）。1776年10月16日。墨塗りの下地に水彩とグワッシュで彩色した紙のコラージュ。24.2x17.3cm

月桂樹ではなくイチイの冠を［180ページ、ゲッケイジュを参照］
気楽に歌いながらも痛む手足で
枝を刈りこむジョンに下され

十七世紀のイギリスではトピアリーが流行の先端だったが、一七一三年九月にアレクサンダー・ポープが『ガーディアン』紙に「緑の彫刻」に関する評論を発表すると、冷やかしの的になった。問題のある作品のカタログと称して彼がたとえとして挙げた一つに「イチイで仕立てたアダムとエバ」がある。「アダムは知識の木が大嵐に倒れたために少々気落ちしている。エバと蛇は元気いっぱい。」さらに、彼はこう続ける。「どうやらわれわれは自然から遠ざかることに一所懸命になっているらしい。植物をさまざまに刈り込んで規則的で幾何学的な形にするだけでなく、美術が及びもつかない怪物的な企てまで行なわれている。」ハーリントンのイチイが今は「散髪されていない」のを見れば、サクシーはともかく、ポープはほっと安心することだろう。

イチイ材は張力が強いため、長弓の製造に理想的である。しかし、需要の大きさが資源を使い尽くし、十三世紀末にはすでに弓用の材木がイングランドに輸入されていた。北ヨーロッパ各地で同様の資源不足が起きたが、戦場の長弓が銃に代わった後も、適切な補充は絶えて行なわれなかった。アーチェリーがスポーツとして十八世紀後半にリバイバルされ、男性だけでなく女性も楽しむ

271　イチイ

弓矢の製造販売業者トマス・ウェアリングの名刺。1806年。エングレーヴィング。11.6x7.5cm
トマス・ウェアリングの店はベッドフォード・スクエアの外れ、大英博物館の近くにあった。この名刺はサー・ジョゼフ・バンクス（12ページ参照）の妹サラ・ソフィア・バンクス（1744-1818）のコレクションに入っていた。

ようになると、新しい需要が生まれたが、このときもスペインやイタリアからの輸入材が必要をまかなった。

タイヘイヨウイチイ（*Taxus brevifolia*）はアメリカ北西部とカナダの海岸地帯に分布している。アメリカ先住民はその木材をあらゆる用途に使ってきた。その範囲は弓や銃床からカヌーのパドル、家具、楽器にまでおよぶ。腐りにくいことが大きな長所だが、もう一つ重要な特徴がその薬効だ。現代の薬理学はその恩恵にあずかり、タイヘイヨウイチイの葉や樹皮から抽出されるタキソールが抗がん剤に活用されている。

(右) カナダ、ブリティッシュコロンビア州ヌートカ湾地域のヌーチャヌルス（北西沿岸地域の先住民）が製作した、板を叩くための木製打楽器。1780年以前。長さ32cm

この楽器の本体はイチイ（*Taxus brevifolia*）の枝付き一枚板で、トウヒの根（おそらくシトカトウヒ、*Picea sitchensis*）とシーダーの樹皮（おそらくベイスギ、*Thuja plicata*）が使われている。キャプテン・クックは、1778年、３度目で最後となる太平洋航海で、キングジョージ湾と名付けた海域の沿岸に上陸した。キングジョージ湾は1780年代にヌートカ湾に名前が変わる。この楽器は現在残っていると思われる２台のうちの１台で、サー・ジョゼフ・バンクスによって大英博物館に寄贈された。

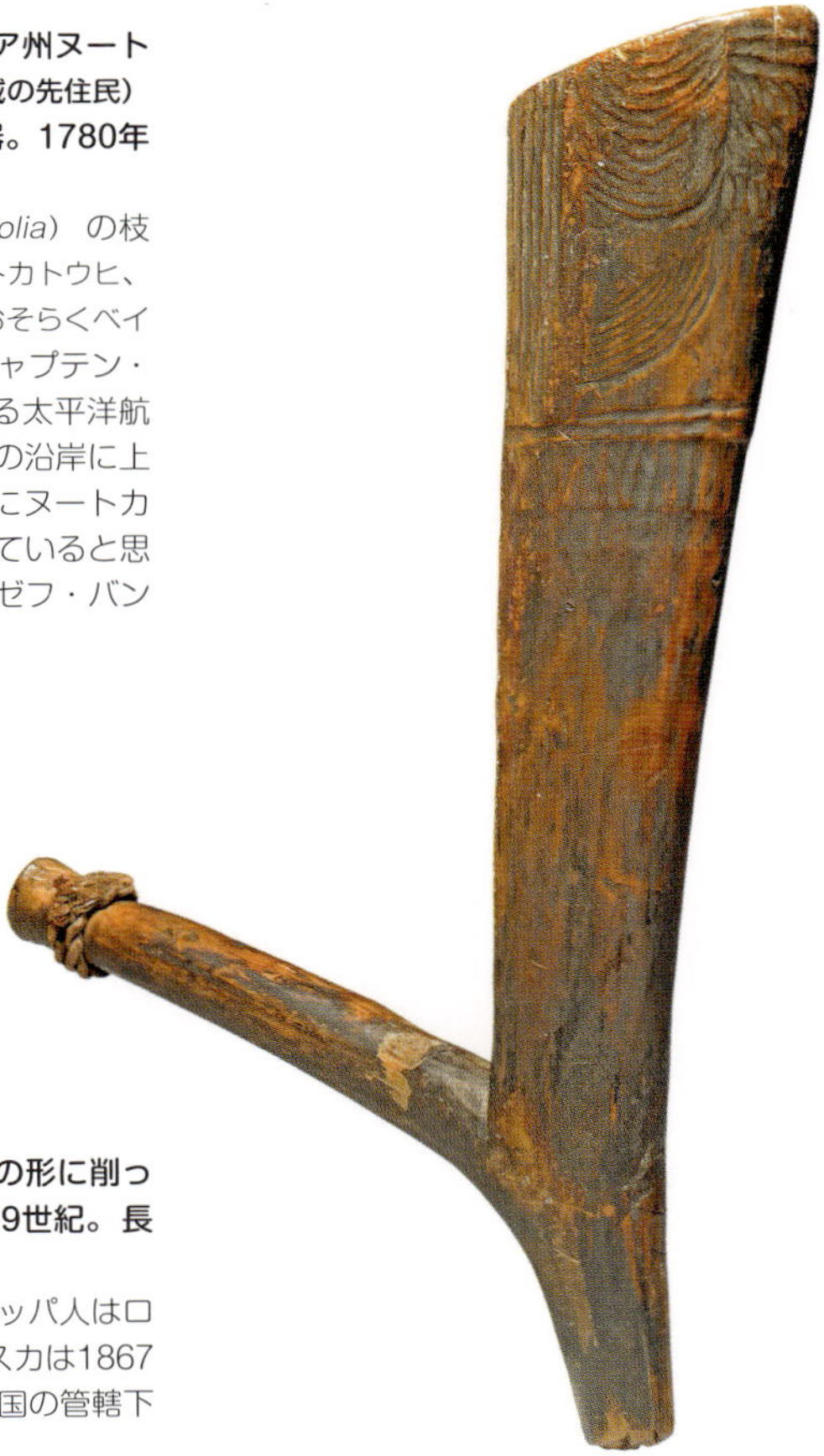

(下) 彩色した棍棒、イチイの木を動物の形に削ってある。アラスカ、トリンギット族。19世紀。長さ56cm

トリンギット族と最初に接触したヨーロッパ人はロシア人で、1741年のことだった。アラスカは1867年に領土割譲条約によってアメリカ合衆国の管轄下に入った。

ヘレン・アリンガム（1848-1926）、バーミンガム近郊ノースフィールドのイチイ。筆とグレーのインクによるデッサン。19x13.7cm

ヘレン・アリンガムは1862年に父を亡くした後、バーミンガムに移り住んだ。バーミンガムデザイン学校で学んだ後、ロンドンの王立美術大学に女子学生の草分けの一人として入学している。挿絵と水彩の風景画で相当な名声を得た。

マリア・ジビーラ・メーリアン(1647-1717)、カカオの実と葉、サー・ハンス・スローンが所蔵していた『スリナム産昆虫などのメーリアンによるドローイング』と題する91枚入り画帳より。1701-5年。上質皮紙に水彩、ペンとインクとグレーのチョーク。36x28.2cm

Theobroma cacao

カカオ

　最初は皇帝への貢ぎ物、また皇帝の飲み物として登場したものが、近代初期のヨーロッパでお洒落な人々や富裕層の専有物になり、大英博物館を設立した男、ハンス・スローンの運命に大きな役割を果たした。熱帯アメリカ原産のカカオはマヤ族やメシーカ族（アステカ族）によって栽培されていて、彼らはチョコレートを、もとは神々の高貴な飲み物と考

ミハエル・ヴァン・デル・フフト（1660-1725）、カカオの実と葉、エドワード・キキアスのデッサンによる。サー・ハンス・スローンの『ジャマイカの博物誌』第2巻、1725年、図版160。（イギリス下院図書館蔵、大英博物館へ貸出中）

えていた（学名の前半「*Theobroma*」はギリシア語の「神々の食べ物」という言葉からできている）。カカオ豆を煎って砕いてから水を加え、金や銀、または木製のスプーンで激しくかき混ぜ、さらに高いところから器に注いで泡立てて作った飲み物がチョコレートだった。冷たいまま、ときにはトウモロコシの粉、香辛料または蜂蜜をまぜたものが、一五〇二年から一五二〇年まで、美しい金のカップでテノチティトラン（メキシコシティ）の最高支配者モクテスマに捧げられていた。カカオ豆は通貨として、また貢ぎ物として、モクテスマの帝国で使われ、スペインの征服者にも使われた。大英博物館が所蔵するメキシコの絵文書で、一五五〇年までにスペイン人に差し出した貢ぎ物が記録されているキングズボロ・コデックスには、メキシコシティ総督だったゴンサロ・デ・サラサールが一五二六年にスペインへ帰国する際要求した品々の中に、次のようなものが挙げられている。いわく、「カカオ豆、飲用に挽いたもの一万六千粒、靴四〇〇足、壺二〇〇個、彩色したチョ

ジョン・シャルティエ（1698-1731活躍）、パーマストンの金製チョコレート・カップ。1700年頃ロンドンにて、後にパーマストン子爵夫人となるアン・フーブロン（1735没）のために制作。高さ6.5cm

チョコレート・カップはそれ自体が贅沢品で、とりわけこれはその最たるもの。パーマストン子爵夫人から夫である初代パーマストン子爵ヘンリー・テンプル（1673頃-1757）へ遺贈された。1726年9月4日付けの遺言書に「小さなチョコレート・カップ2個。ときどきはこれを見て死を思い、またいちばん優しくあなたに忠実だった友を想い出してください」と書かれている。家族の言い伝えでは、形見の指輪を溶かして作られたとされている。カップの底と把手の内側に文字が刻まれていて、一方には「去りし者の影に」と「苦さを味わわざる者、甘さを受けるに値せず」、もう一方には「死者に乾杯」と「友と死をあるじと思え」とある。

コレート用カップ四〇個。」

ココア（植物ではなく、飲み物）は、このようにして十六世紀のヨーロッパに持ち込まれ、金持ちに人気の飲み物となり（輸入関税が高かったため、消費が限定された）、しばしば胃を静める薬としても摂取された。チョコレートを飲む習慣は十七世紀半ばにイングランドで人気を博す。チョコレートを客に供する最初の施設は一六五〇年にオックスフォードに開店し、次いで一六五七年にロンドン初の店がビショップスゲートにできた。ロンドンのセントジェイムズ近辺のチョコレート・ハウス、ホワイツ（一六九三年開業）とココアツリー（一六九八年開業）の二軒は、十八世紀にトーリー党支持者が好んで集会場にした。ホワイツは今日までこの関係を保っている。時を経てこうした場所は会員制クラブになり、チョコレートを飲むよりも賭け事をする方に関心を示すようになった。

　ハンス・スローンがカカオの木とその産物を直接目にしたのは、一六八七年に総督となった第二代ア

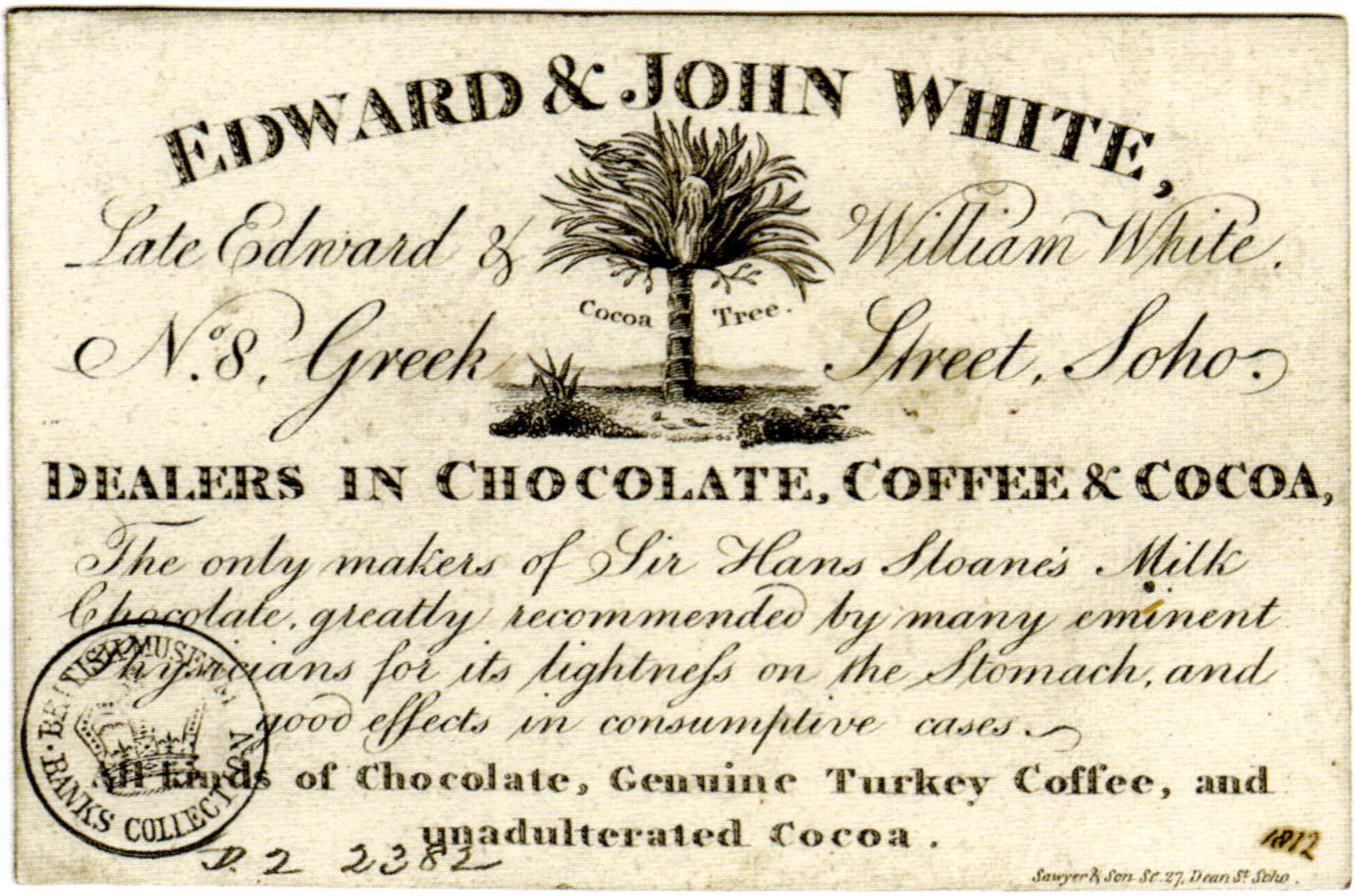

（次ページ）ダニエル・オブリー（1960生）、カカオの実をかたどった棺の木製模型。ガーナ、テシーでの「ハロー・ファニチャー・ワークス」で製造。長さ35cm

棺の模型は棺桶作り工房の職人が作って小遣い稼ぎに販売している。カカオの実型の棺は、カカオ農園主用にしばしば製作される。アフリカで最も成功したカカオの協同組合クアパココ（良き農家）は、1993年に設立されて、現在ではフェアトレード・チョコレート最大の供給元になっている。

（上）リチャード・ソーヤー（1807-19活躍）、エドワード・アンド・ジョン・ホワイト社の名刺。「ソーホー、グリーク・ストリート8番地。チョコレート、コーヒー、ココア販売。サー・ハンス・スローンのミルク・チョコレート唯一の製造元。数多くの著名な医師が、胃にやさしく肺病に効能ありと大いに推薦。チョコレート、真正トルコ・コーヒー、純粋ココア各種取り揃え。」1812年頃。エングレーヴィング。6.1x9cm

ルベマール公爵付きの医者としてジャマイカに赴いたときである。スローンは『ジャマイカの博物誌』（一七二五）第二巻にこんな解説を書いた。「ナッツは通常一月、または五月に収穫する。切って種を取り出し、種に付着している粘着物を除去してから、布や敷物の上に並べて日光で乾かしながら寝かせる……飲料を作る場合、インディアンはそれ［種子］を陶器の瓦の上で干し、石で粉に挽き、水と胡椒に混ぜる。できあがるのは、人間よりも豚にふさわしい料理である。」これを「豚」ならぬ人間にふさわしい食べ物にするため、スローンは飲みやすいミルク・チョコレートのレシピを考案し、後にキャドバリー社がこれを買い取った。ミルクを加えることを考えついたのはスローンが最初ではない。同じことは、後にジャマイカのイギリス王室付き医師となったヘンリー・スタッブが一六六二年に出版した『インディアンのネクター――またはチョコレートに関する論考』に記述されている。

珍しい植物の記録という点でスローン以上に目覚

ましい働きをしたのは、フランクフルト出身の画家でナチュラリストのマリア・ジビーラ・メーリアンだろう。彼女は一六九九年から一七〇一年にかけて南アメリカのオランダ植民地スリナムへ出かけた。いちばんに関心をもっていたのは昆虫だが、その食餌植物と考えたものと一緒に写生したことによって、すばらしい植物学的な記録も残した。カカオの木については、次のように書き留めている。「この木はスリナムではとてもよく育つ。ただ、必ずほかの木の下で日光から守ってもらう必要があるので、栽培はむずかしい。」

　カカオは、アフリカ大陸やアメリカ大陸の最貧国の多くで、小規模農家の生計にたいへん重要な作物だ。現代の科学的研究は、この植物がさらに秘めている潜在能力を明らかにしはじめている。二〇一〇年、カカオのクリオロ種という、三千年ほど前にマヤ族が栽培植物に変え、良質のダーク・チョコレートの製造に使われる品種のDNA配列がすべて解明された。見つかった二万八七九八個の遺伝子の中には病気の予防に役立つものや、化粧品や薬品の主要成分となるココアバターを作る遺伝子がある。

(上) チョコレート・ソース売りの陶器人形。メキシコ、 プエブラ市。1980年代。 高さ4.5cm

(前ページ) エド・ルシェ(1937生)、『*News, Mews, Pews, Brews, Stews and Dues*』 より『*Pews*』。オーガニック・インクで印刷された７枚のスクリーンプリントから成るこのポートフォリオは、1970年にエディションズ・アレクトから出版された。『*Pews*』 は、ハーシーのチョコレート・シロップとキャンプのコーヒーにチコリのエッセンスで印刷されている。45.6x68.6cm
アメリカを代表するポップアーティストの一人、ルシェは、1970年のヴェネツィア・ビエンナーレで、アメリカ館にチョコレート・ペーストでスクリーンプリントした作品で埋め尽くした部屋を制作した。

Ziziphus

ナツメ

ナツメ属（*Ziziphus*）に属するいろいろな種のトゲの多い灌木は、世界有数の収穫量をもつ果物を生産している。数千年前からアジア各地や地中海東部地方で栽培されるナツメ属は、頑丈な木材、薬効、蜂蜜生産用、そして光沢剤やラッカーの原料に使われる樹脂を分泌するラックカイガラムシの宿主として大切にされている。プリニウスは次のような記述を残している。「キュレナイカ地方［リビアの東部海岸地域］では、ロートスの木［*Ziziphus lotus*］はその地方特産のキリストノイバラ［*Ziziphus spina-christi*］より劣るとされる。キリストノイバラはロートスよりもよく繁茂し、実の赤みも濃い。実の中の核は、それ自身がよい味なので別に食べられる。実はブドウ酒に浸すともっと甘美な味になり、またブドウ酒のほうもこの果汁のおかげで美味になる。[*1]」キリストノイバラは、クルアーン（53ページ参照）に登場するスィドラの木としてイスラム教徒に尊ばれている。そのため、イスラム式庭園では重要な要素の一つで、二〇一〇年にはカタールのドーハに作

ナツメ（*Ziziphus mauritania*、チャイニーズアップル、インディアンプラム）。植物を主題とした58枚のカンパニー・スクール絵画の画帳より。19世紀前半。グアッシュ。49.2x32.9cm
この画帳の絵画はウィリアム・ロクスバラが1793年から1813年までカルカッタ植物園の総監督を務めていたときに現地の画家たちに依頼したものとつながりがある。1787年に東インド会社のキッド中佐によって設立されたこの植物園は、「公益と科学の振興」に役立つ可能性を見たキュー植物園のサー・ジョゼフ・バンクスから援助を受けていた。ロクスバラは収集する植物の範囲を大きく広げ、彼の指示で開始された記録はその死後1820年と1824年に刊行されたインドの植物に関する初の包括的な解説『インドの植物』の基礎となった。

られた庭園の記念樹に使われた。エルサレム周辺にとても多く見られ、キリストが磔になる前に被せられたイバラの冠はこれを使って作られたと信じられていた。言うまでもなく、この冠は――十字架とともに――キリストの苦難と犠牲を物語るもっとも雄弁なシンボルである。この連想は現代にもその響きを少しも失っていない。第二次世界大戦とその後の混乱への応答として、画家のグラハム・サザーランドはイバラ（ソーン）の冠を「ソーン・ヘッド」の連作に使っているが、これは一九四六年にノーサンプトンのセント・マシュー教会から磔刑図を注文されたことと、強制収容所の犠牲者の写真を見たことによって触発された作品である。サザーランドの描く風景の中で、ソーンの木は「はりつけの十字架とはりつけにされたキリストの頭――つまり残酷さ――のパラフレーズ」と画家本人が言うものとなった。
「茨の冠」は五世紀前半にエルサレムの聖遺物として初めて取り上げられ、以後五百年にわたってその存在が言及されている。後に東ローマ帝国の首都コンスタンティノポリスに移され、史上最高に集中したキリスト教聖遺物群の一部となった。一二〇四年にこの都市が第四回十字軍によって略奪された後、これら聖遺物の多くは質草となったり売り払われた。一二三九年から一二四一年の間に、フラ

オディロン・ルドン（1840-1916)、茨の冠を被るキリストの頭像。1894-5年。木炭、黒のパステル、黒のクレヨン。52.2x37.9cm
ルドンは、幻想的な頭像や超越に関する彼の興味に合っていたことから、この主題で多くのデッサンを制作したが、自分の作品をキリスト教美術と分類されることは拒否した。このデッサンは1895年にパトロンだったイギリス人アルバート・エドワード・テブ博士がルドンから買ったもの。その年、ルドンはロンドンでテブ博士の家に滞在した。

ンス王ルイ九世（聖王ルイ）は茨の冠、聖十字架の断片数個、その他にもキリストの受難の聖遺物をいくつか手に入れ、パリに持ち帰って、それらを納めるためにサント・シャペルを建設させた。この礼拝堂はフランス革命の際略奪にあうが、冠、聖十字架の断片一個、そしてキリストを十字架に止めたとされる一本の釘は残った。これらの品々は一八〇一年にナポレオンとローマ教皇との協約の一環として、ノートルダム大聖堂へ移される。そして今も毎月第一金曜日、受難節の毎金曜日、聖金曜日にこの場所で公開されている。

ノートルダムが受け取った冠は、バルティックラッシュ（*Juncus balticus*）をねじりあわせた輪型にキリストノイバラのトゲが編み込まれていたもので、個々のトゲは簡単に取り外して、最高に栄誉ある贈り物とすることができた。こうしたトゲはこの冠がルイ九世の手に渡るはるか以前から出回っていて、本体がまだエルサレムにあった頃、ビザンツ帝国の女帝イレーネがフランク王カール大帝に複数のトゲを贈っている。カール大帝はそれをアーヘンに安置し、紀元八〇〇年にその地で神聖ローマ皇帝に戴冠した。ルイ九世はこういう贈り物をほかにも、とりわけフランスの王族に多く授けていて、それらは家宝として代々伝えられ続けている。次ページにお見せする豪華な聖茨の容器は十四世紀末にベリー公ジャンに兄のシャルル

聖茨の容器、1390-1400年頃の制作。金、エナメル、貴石。高さ30.5cm
この容器はベリー公ジャン（1340-1416）が、１本のトゲを納めるために作らせた。最後の審判を豪華に描写していて、父なる神と栄光のキリストがトランペットを吹く天使たちを見下ろしている。公爵は自分の宮殿に隣接してサント・シャペルを建て、これをはじめとする聖遺物を収蔵すると同時に自分の墓所も用意した。

五世から贈られたトゲを納めるために作られた。[*2] 大英博物館が所蔵するもう一つの聖遺物箱はペンダントの形をしていて、やはり聖なるトゲを納めている。一三四〇年頃のもので、フィリップ六世とその妃ジャンヌ・ド・ブルゴーニュゆかりの品である。さらにもう一本、イングランド北部ストーニーハーストにあるイエズス会の大学が所有する聖茨は、スコットランド女王メアリーが所有していたもので、メアリーが一五五八年にフランスの王太子（後のフランソワ二世、一五六〇年没）と結婚したとき贈られた二股のトゲだった。このトゲは一五九四年にイエズス会に贈呈されたときに二つに分けられ、それぞれの容れ物が作られる。ストーニーハーストにある方にはメアリーの真珠をつないでいた糸とされるものが入っていて、メアリーの処刑とキリストの苦しみを結びつける祈りの品になっている。

聖茨の祭りと茨の冠への奉納ミサは、テューダー朝初期イングランドの宗教生活に目立つ特徴の一つだった。一五二六―三〇年頃、作曲家ジョン・タヴ

（左） ヤコブ・ファン・ハイスム（1687/9-1740）、『キリストノイバラ』。石墨に水彩。37.5x26.5cm
ロンドンで1723年頃から開かれていた園芸家協会の月例会で名前が登録された植物のデッサンを集めた画帳より（21ページ参照）。

（左下） ウィリアム・マーシャル（1617-49活躍）、『国王の肖像』 の扉絵。1649年。エッチングとエングレーヴィング。26.6x16.7cm

ァナー（一四九〇年頃―一五四五）は『茨の冠』と題するミサ曲を書いている。もっとも、その数年後には、一五三六年にヘンリー八世がローマ教皇との縁を切ったことを受けて、タヴァナーは熱心な宗教改革派になってしまった。宗教改革後のイギリスで「茨の冠」が持っていた象徴としての力を示した有名な例が、チャールズ一世最後の誓約とされる本で、処刑の一〇日後、一六四九年二月九日に出版された。『国王の肖像』の扉絵だろう。茨の冠を手に持ち、天国にある栄光の冠を見つめる一方で、この世で拒絶された冠が足下に転がるチャールズの姿は、またとないプロパガンダだった。この本は一六四九年だけで三六版を重ね、国会はジョン・ミルトンに反論『偶像破壊者』の執筆を依頼する羽目におちいった。

The Explanation of the EMBLEME.
Ponderibus genus omne mali, probriq; gravatus,
Vixq; ferenda ferens, Palma ut Depressa, resurgo.
Ac, velut undarum Fluctus Ventiq; furorem
Irati Populi Rupes immota repello.
Clarior è tenebris, coelestis stella, corusco,
Victor et aeternum-felici pace triumpho.
Auro Fulgentem rutilo gemmisq; micantem,
At curis Gravidam spernendo calco Coronam.
Spinosam, at ferri facilem, quo Spes mea, Christi
Auxilio, Nobis non est tractare molestum.
Aeternam, fixis fidei, semperq; beatam
In Coelos oculis Specto, Nobisq; paratam.
Quod Vanum est, sperno; quod Christi Gratia praebet
Amplecti studium est: Virtutis Gloria merces.
Though clogg'd with weights of miseries
Palm-like Depress'd, I higher rise.
And as th'unmoved Rock out-brave's
The boistrous Windes and rageing waves:
So triumph I. And shine more bright
In sad Affliction's Darksom night.
That Splendid, but yet toilsom Crown
Regardlessly I trample down.
With joie I take this Crown of thorn,
Though sharp, yet easie to be born.
That heav'nlie Crown, already mine,
I View with eies of Faith divine.
I slight vain things; and do embrace
Glorie, the just reward of Grace.
G.D.

289　ナツメ

おわりに　昔の森は今いずこ

彼らは木々を取り去って
木の博物館に入れちゃって
ただ見るだけの人たちに
一ドル半を払わせる
なんか、いつでもそうじゃない？
自分が何を持ってるか
なくして初めてわかるのよ
楽園は舗装されて
駐車場になっちゃった

ジョニ・ミッチェル、『ビッグ・イエロー・タクシー』（一九七〇年）[*1]

人類は森を理想として夢想し、そこに精霊を住まわせ、木々を集まりとしても個別にも敬ってきたが、そうしたすべてにもかかわらず、人間の歴史は一貫して森林破壊の歴史であり、償いはあまりに少なかった。楽園を舗装して駐車場を作ったかも知れないし、燃料や造船用材や建材、鉄道建設や製紙、農地を作るためや、最近ではバイオ燃料作りのため、牧草地や資源抽出産業のために樹木を伐採したかも知れない。いずれにしても、このような略奪をまぬかれた場所や時代はほとんどない。青銅器時代のキプロスの鉱業は、結局のところ、適切な燃料が不足したために崩壊した。アルテミスはギリシア神話では森の女神だが、エフェソスにあったアルテミス神殿付近の環境は破壊されていたし、ローマ人はあちこちで森林破壊を行なっていて、北アフリカと南イングランドはそのうちのほんの二例にすぎない。

イソップ物語の「木々と斧」の話は、木こりが森へ入って斧の柄になる木をくれないかと頼む警告的な話だ。大木たちはすぐさまそれに同意して、迷わずにトネリコの若木を与えた。木こりは柄をこしらえるや否や、仲間を犠牲にしたその大木たちを切り倒しにかかる。自分たちが差し出した贈り物の使い道を見た木々は、悲痛な叫びを上げた。「ああ、なんということだ。私たちはもうおしまいだ。しかもその責任は私たちにある。ほんの少し与えたら、それが私たちすべてを失うことになった。あの若いトネリコを犠

ロナルド・ペネル（1935生）、『ぼくのための木』。ブロンズのメダル。1985年。直径4.9cm
作者によると、メダルの表面に描かれているのは「最後に残った古代の木を、たぶん博物館で保存するために手押し車で運んで行く男。ヘビは神話やキリスト教でそれが表わすものすべてとともに、全部を見ている。裏面は荒れ地に立つ３本の枯れ木だ。 私は楽観主義者だが、今の時代を生きている人はすべて、ときどきはどこで、いつ、どのようにして終わるのか考えるべきだろう。」（引用は Mark Jones, *Contemporary British Medals*, London 1986, p.51）

木に絡みつくヤクシー（夜叉） が彫刻された砂岩の張り出し受け。紀元1世紀。高さ65cm

ヤクシーは吉兆にゆかりのある神格である。インド、マディヤプラデーシュ州ボパールの北にある仏教遺跡サーンチーの塔にあったもの。ヤクシーが抱きついているのは沙羅双樹（*Shorea robusta*）で、抱きつかれた木はいっぺんに花が咲く。仏教以前の豊穣の儀式を引き合いに出して、ここがめでたい場所であることを保証している。

牲にしなければ、私たち自身、幾久しく立っていたはずなのに。」ピクチャレスク美を唱えた第一人者ウィリアム・ギルピン（82ページ参照）は、『森林風景に関する所見』（一七九一）で「樹木が利益を生める場所では、ピクチャレスクな美しさを獲得するはるか以前に切り倒されてしまうのが普通だ」と観察している。一方でイギリスの初代農業大臣サー・ジョン・シンクレアは一八〇三年に次のようなスローガンを掲げた。「われわれはエジプトの解放や、マルタの征服に満足していてはならない。フィンチリー・コモン［ロンドン北西部］を抑えようではないか。ハウンズロウ・ヒース［ロンドン西部］を征服しようではないか。エピングの森［ロンドン北東部］を改良のくびきに従わせようではないか。*2」

ウェンセスラス・ホラー(1607-77)、『木こり』。ジョン・オギルビー著『イソップの物語と寓話』より。1673年。エッチング。16x10cm

エンクロージャーと共有地の個人所有化による森林の縮小は、ウィリアム・コベットが『ルーラル・ライド』（一八二二―六）で批判した対象の一つだった。さらに、彼は不適切な樹木の植林についても激しく非難している。それと同じことが、ワンガリ・マータイ（一九四〇―二〇一一）が最後に書いた記事の一つの主題だった。マータイは東アフリカのグリーン・ベルト・ムーヴメントを設立したケニア人で、二〇〇四年のノーベル平和賞受賞者である。二〇一一年の国際森林年に、マータイは外来種を移入して在来種を犠牲にすることによる被害を強調したのだった。

在来種の森が環境に与えてくれる重要なメリットの一つが、気候や降雨パターンを調節してくれることです。そういう森は、雨を取り込み、貯めておいて、少しずつその水を湧き水や細流や川へ放出します。これが雨水の表面流去の速度を緩め、それによって土壌の浸食を抑えます。在来種の森は精神的にも文化的にも重要な役割を果たします。

マツやユーカリなどの外来種にはこのような環境へのメリットがありません。ほかの動植物の大部分を排除してしまいます。侵略種のように、外来種は野生生物も下生えも水もない「沈黙の森」を作ってしまうのです。[*3]

森または土地の精霊。木製。メラナウ族。19世紀後半-20世紀前半。高さ40cm

この像はボルネオ（サラワク）のイガン川沿いで収集された。ここに住むメラナウ族には、熱帯林が暮らしの基盤だった。

ディィナバンドゥ・マハパトラ、オリッサの木々。1982年。サクサン絹本絵画。236x118cm

この木々は12世紀の叙事詩『ギータゴヴィンダ』に歌われるクリシュナとラダの愛の物語を想起させる。インド東部のオーディシャー州立図書館所蔵の写本から模写したもの。以前はオリッサ州と呼ばれたこの地方は、広大な森林被覆が鉱業やその関連産業活動によって危機にさらされている。

環境破壊は留まることを知らない。問題の規模は急激に大きくなる一方だ。たった一つだけ例を挙げると、生物多様性の重要な「ホットスポット」であるマダガスカル（10ページ参照）は、過去七五年間に八〇パーセントの森林被覆を失っている。しかし、そうした行為や怠慢が危険だという認識は絶えず存在していた。自然資源のしっかりした管理は、この本で引用した数々の古典の核心になっているし、公共の利益は環境の保護と責任ある管理から切り離せないものだという理解が、十九世紀後半からの法律制定を促した。一八七八年のエピングの森条例は、この地域をさらなるエンクロージャーから救った。その四年後にはヴィクトリア女王がこの森を臣民に「贈与」し、そこからここは「人民の森」という名がついた。ワンガリ・マータイが書いた、さまざまな共同体と森林との間の重要な心理的文化的関係は、ナイジェリアの都市オショグボの郊外にあるオシュンの聖なる木立の密林保護でも確認されている。ヨルバ族の神話に登場する豊穣の女神が宿るとされるこの森は、ナイジェリア南部にわずかに残る原生高林の一つで、年一回の祭りが行なわれる場所でもある。ユネスコは世界各地の森を世界遺産に登録していて、その一つが

チャールズ・ウィーナー(1832-88)、エピングの森恩賜記念のブロンズ・メダル。1882年。直径7.6 cm
表面にはヴィクトリア女王の胸像、裏面には「エピングの森、1882年5月6日この美しい森をわが臣民の利用と娯楽に供することはわが最大の満足なり」との文字が刻まれている。

レバノン北部にある「神の杉の森」だ。ここで保護が始まったのは一八七六年。この木々が聖書で重要視されていることから、ヴィクトリア女王が資金を提供して周囲に高い石の壁をめぐらした。現在、環境保護の専門家は保護地や国立公園や世界遺産を指定するだけでは不十分で、その周辺地域の土地利用計画の策定が必要だと気づいている。

植物園や「木の博物館」は霊園ではなく、しばしば世界各地での繁殖のために種の保存と栽培を目的とする、生きているコレクションだ。キュー植物園のミレニアム・シードバンクは、五四カ国一二〇のパートナー団体を擁するネットワークで、絶滅の脅威がもっとも迫っているものを優先しながら、すでに世界の野生植物の一〇パーセント以上の種子を収集して貯蔵している。私たちの時代でトップクラスの発見は、一九九四年にオーストラリア、シドニー西部のブルー・マウンテンズで見つかったウォレミマツ（*Wollemia nobilis*）だろう。これはジュール・ヴェルヌが一三〇年前に『地底旅行』で思い描いたのと同じような刺激的な光景だった。ウォレミマツは新しくウォレミ属として、ナギモドキ属（*Agathis*、ここにはニュージーランドのカウリマツが含まれる）や、モンキー・パズル・ツリーとも呼ばれるチリマツが入るナンヨウスギ属（*Araucaria*）と同じナンヨウスギ科（*Araucariaceae*）に入れられた。二〇〇六年からの繁殖計画によってウォレミマツはまずオーストラリア、次いでその他地域の植物園に提供され、非常に多様な環境で育つ能力を示した。その一例が、二〇一一年夏の大英博物館の前庭である。

二〇〇八年から二〇一二年まで、大英博物館は王立キュー植物園と協同で博物館前に一連のランドスケープを展示した。この事業は、両方の組織が行なっている、文化への理解を深め、世界中の生物多様性の保護を支持し、すべてのもの――動物、植物、鉱物――を支えている壊れやすい生態系への脅威に対する意識を向上させるという取り組みの前途を祝すものだった。中国、インド、南アフリカ、オーストラリア、北アメリカをそれぞれ表現したこのランドスケープは、来館者から近代都市の「喧噪の中に静寂」を作ったと好評を博した。これは大英博物館とキュー植物園が、この本の冒頭に引用したW・H・オーデンの言葉を借りれば、「人類に賭け」続けることをいかに重要視しているかを示す一つの証明だった。もしイザヤ書（一〇・一九）の恐ろしい予言「森に残る木は数少なく、幼子《おさなご》でもそれを書き留めうる」を現実にし

ウォレミマツ（*Wollemia nobilis*）、大英博物館のオーストラリアのランドスケープ。2011年。王立キュー植物園と大英博物館が協同で作成した植物環境シリーズの４番目。

たくなければ、アントワーヌ・ド・サンテグジュペリが『人間の土地』（一九三九）に書いたことを心に留めなくてはならない。この回想録の中でサンテグジュペリは、セネガルまで同行したサハラ砂漠のトゥアレグ族遊牧民が、それまでクルアーンの記述だけの知識しかなかった木々を初めて目にして涙を流したと書いている。樹木は確かに人の、社会の、はたまた一国の魂について多くを語るのである。

大英博物館の中国のランドスケープ。2008年。

訳者あとがき

わたしが初めて木々のちがいを意識するようになったのは、小学校低学年だったと思います。それまでにも幼稚園の「お絵かき」で木を描くことはありましたが、ただ漠然と茶色の幹や枝に緑色の葉っぱを書き添えた、記号のようなものでした。

小学生になって木登りや虫採りを覚えると、それぞれの木の特徴がわかりはじめました。やせっぽちで身軽だったわたしは近所の子どもたちの中でもひときわ木登りが得意で、手当たり次第に登るうちに、いろいろな木があることを学びます。太くても折れやすく登ると危ない木、葉の先に触れただけで翌日顔や手が真っ赤に腫れあがる木。クワガタが来るのはどの木で、どの木の葉っぱがよい匂いなのか。美しい花が咲く木や果物がなる木も覚えるようになりました。

もっと大きくなると、本で読んだりテレビで見たりして、実際には触れたことも見たこともないけれど、名前だけを知っている木が出てきます。ポプラとかシラカバには何だかロマンティックなイメージがありました。『星の王子さま』に出てきたバオバブの木がどこかに実在することも、いつの間にか知りました。けれど、ガーデニングや盆栽、木工などに興味がないわたしが知っている木は今でもせいぜい百から二百種くらいなものでしょう。白檀とかチークなど、名前だけは知っていても、姿かたちを知らない木も相変わらず多々あります。ですから、樹木について美しい図版と知識がぎゅっと詰まったこの本の翻訳は、実に楽しい仕事でした。

翻訳でむずかしい問題の一つが動植物です。原作と同じものが日本にないときにどうするか。欧米の書物がたくさん翻訳されるようになった明治時代から、先輩翻訳家の方々は頭を悩ませてきました。

たとえば、オーク。イギリス人にとってはとても身近な木で、大昔にはその実を食糧としていたこともあるようです。ただ、やっかいなことに、これは一つの種ではなく、おおまかなくくりである上に、代表的なヨーロッパナラは日本に分布していません。植物学の教科書ならともかく、小説や詩に登場する場合、いちいちどんな木なのか訳注で説明するのもスマートではないでしょう。そこで、翻訳ではわたしたちに身近な木が使われました。材木の堅さが話題なら樫、大きな切れ込みのある葉の形が話題なら柏、といった具合です。樫も柏も広い意味でのオークに含まれますから、まちがいではありません。ただ、イギリス人がもつオークのイメージと、日本人がもつ樫や柏のイメージにはずれがあるのです。それが、今では広く知られるようになり、訳文に「オーク」と書けば、「ああ、あれね」とわかってくださる読者が多数派になりました。機が熟して、樫とか柏に代表させなくてもよくなったようです。

しかし同様の問題はまだ残っています。その一つがソーン（thorn）でしょう。オークが大まかに言うと「どんぐりのなる木」なのに対して、ソーンは「トゲのある木」で、代表はセイヨウサンザシです。thorn を英和辞典でひくと、植物名としてはサンザシ、イバラ、リンボク、サイカチくらいで、ナツメを挙げてある辞書は見当たりません。けれど、この本では樹木譜の最後にナツメがソーンとして登場し、話題はほぼそのトゲに終始しています。

樹木の名前にも頭を悩ませました。学名は原本に書いてあるのですが、日本語の和名がわからなかったり、何通りか通用していたり、というものがいくつかあります。どうしても和名が見つからないものは、どこかにあったとしても知っている読者は少ないと考えて、英語をカタカナに移しました。何通りもある場合はなるべく多く使われているものを採用したつもりです。

ギリシア、ローマの古典から、シェイクスピアなどの文学作品、現代のシンガー・ソングライターの歌まで、たくさんの引用には諸先輩方の翻訳を参考にさせていただきましたが、最終的には英文から訳し直してありますので、解釈の責任は訳者にあります。聖書の引用は新共同訳を使いました。

最後に、柊風舎の麻生緑さんは母のような大らかさで作業を見守り、手間のかかる調べ物をはじめとして全面的なバックアップで応援してくださいました。どうしようかと迷ったときに、短くも適切な助言を与えてくださり、ほんとうに頼りになりました。厚くお礼申し上げます。

訳者

二〇一五年十一月

索　引

＊イタリックは図版のページ

【あ行】

【か行】

【学名】

図版出典

Except where otherwise stated, photographs are © The Trustees of the British Museum, courtesy of the Department of Photography and Imaging. Every effort has been made to trace accurate ownership of copyrighted works in this book. Errors and omissions will be corrected in subsequent editions provided notification is sent to the publisher.

ページ

1 PD 1938, 1209. 3 (Donated by E. Kersley)

6, 8 Asia 1993,0724,0.2 (Funded by the Brooke Sewell Permanent Fund)

9 AOA Af1939,34.1 (Acquired with the assistance of the Art Fund)

11 (上) © The Natural History Museum, London

11 (下) P&E 1986,1201.1–27 (Donated by the Somerset Levels Project and Fisons PLC)

13 © The Natural History Museum, London

15 PD 1897,0505.895 (Bequeathed by Augusta Hall, Baroness Llanover)

16 PD 1985,1214.8

23 PD 1923,1112.174

24 P&E 2010,8035.1 (Donated by A.W. Milburn)

25 ME 1896,0406.7

26 PD 1848,1013.138

27 PD 1909,0512.1(12)

28 PD 2009,7037.9 (Donated by and © Lyn Williams)

29 PD 1977,0507.3

34 PD 1985,1214.8

36 PD 1901,1105.53 (Donated by F.W. Baxter)

39 (上) © The British Library Board

39 (下) © The British Library Board

41 © The British Library Board

42 PD 1935,0522.3.51

46 ME 1849,0502.15

47 P&E Eu,SLMisc.1103 (Bequeathed by Sir Hans Sloane)

48 AOA Am,St.397.a

49 Asia 1956,0714,0.5

51 Asia As1859,1228.493 (Donated by Revd William Charles Raffles Flint)

52 ME As1997,24.12 (Donated by Ken Ward)

54 PD 1935,0522.3.52

55 PD 1935,0522.3.53

57 PD 1935,0522.3.51

58 PD 1847,0318.93.76

59 PD 1851,0901.921 (Donated by William Smith)

60 PD 1864,0813.291

62 © source, ARTFL University of Chicago

63 Asia 1875,0617.1

64 PD 1904,0723.1

65 PD 1871,0812.811

66 PD 1892,0411.6 (Donated by Charles Fairfax Murray)

67 PD 1983,1001.7

69 AOA Af2006,15.40

70 AOA Am1990,08.167

71 AOA Af2005,01.1; reproduced by permission of the artists

74 (上) PD 1918,0413.5 (Purchase funded by Sir Ernest Ridley Debenham, 1st Baronet)

74 (下) PD 1861,0713.787

76 (上) CM 1978,1206.1

76 (下) PD 1975,1025.251

77 PD 1918,0219.10 (Donated by Christopher Richard Wynne Nevinson)

79 PD 1918,0704.8 (Donated by Ernest Brown & Phillips)

80 Asia 1928,0301,0.1 (Donated by K.K. Chow)

81 PD Gg,3.365 (Bequeathed by Clayton Mordaunt Cracherode)

83 (上) PD 1973,U.967 (Bequeathed by Clayton Mordaunt Cracherode)

83 (下) PD 1864,1114.216

85 PD 1964,1104.1.3

86 PD 1987,0725.17

87 PD 1958,0712.444 (Bequeathed by Robert Wylie Lloyd)

88 PD 1989,0930.138

90 AOA Oc1939,12.3 (Donated by A.G. Hemming)

91 CM 1984,0605.888; reproduced with the kind permission of the BCEAO

93 AOA Af2002,09.21; © Seif Rashidi Kiwamba, Tinga Tinga studio

94 P&E 1953,0208.14–15 (Donated by Sir Grahame Douglas Clark)

95 GR 1983,1229.1

96 PD 2000,0520.4

97 Am1949,22.170

98 (上) AOA Am,SLMisc.2065.1–30 (Bequeathed by Sir Hans Sloane)

98 (下) AOA Am2003,19.1, 20, 21a–b, 22 and 23 (Purchased through the Heritage Lottery Fund with contributions from the British Museum Friends, J.P. Morgan Chase and the Art Fund)

99 AOA Am1989,21.6

101 PD 1888,0215.68 (Donated by Isabel Constable)

103 PD 2003,0131.16 (Donated by James F. White); © Robert Kipniss

104 Asia 1963,0731,0.3

106 Asia As,+.4033 (Donated by Thomas Watters)

107 Asia As,+.4037 (Donated by Thomas Watters)

108 AOA Oc,A37.1; © The Estate of Katesa Schlosser

109 AOA Oc.4252

110 AOA Oc,G.N.1638 (Donated by Mrs J.J. Lister)

111, 112 P&E 1963,1002.1 (Purchased with contributions from the Pilgrim Trust and the Art Fund)

113 P&E WB.232 (Bequeathed by Baron Ferdinand Anselm de Rothschild)

114 PD 1939,0114.7 (Donated by the Art Fund)

115 PD 1919,0528.2

116 ME 1881,1109.1

117 ME 1848,1104.127

118 EA 35285

119 PD 1950,1111.56 (Purchase funded by the H.L. Florence Fund)

120 PD 1878,1228.135 (Bequeathed by John Henderson)

121 PD SL,5284.62 (Bequeathed by Sir Hans Sloane)

123 AOA Oc.4790 (Donated by Henry Christy)

124 PD 1890,0512.107

126 AOA Af1898,0115.173 (Donated by the Secretary of State for Foreign Affairs)

127 AOA Oc,B13.9

128 AOA Oc1931,0714.8 (Donated by Lady Elsie Elizabeth Allardyce)

129 AOA As1887,1015.149 (Donated by Edward Horace Man)

130 AOA Oc1993,03.60

131 PD 1897,0505.246 (Bequeathed by Augusta Hall, Baroness Llanover)

133 PD 1856,0209.422

134 PD 1874,0711.2095

135 P&E 1978,1002.1060 (Prof. John Hull Grundy and Anne Hull Grundy)

136 PD 1933,0411.119 (Donated through The Art Fund)

137 PD 1955,0420.7 (Donated by H. Megarity)

138 CM 2002,0102.4701 (Bequeathed by Charles A. Hersh)

139 PD 1950,0520.444

140 ME 1974,0617,0.13.48v–49r

142 ME 1974,0617,0.3.26

143 ME G.308 (Donated by Frederick du Cane Godman and Miss Edith Godman)

145 PD 1962,0714.1.47

146 PD 1890,0512.133

147 Photo courtesy of Richard Wilford, Kew; © The Trustees of the Royal Botanical Gardens, Kew

148 PD 1871,0610.536

149 AOA Oc1989,05.12; © DACS 2012

151 PD 2002,0929.100 (Donated by Lyn Williams); © The Estate of Fred Williams

152 EA 5396

153 PD 1907,1001.14 (Donated by George Dunlop Leslie)

154 P&E 1856,0623.5

155 PD E,7.268

156 PD 1897,0505.331 (Bequeathed by Augusta Hall, Baroness Llanover)

157 EA 37983

158 ME 1941,0712,0.5 (Purchase funded by the Art Fund)

159 PD 1997,1109,0.4

160 Asia 1919,0101,0.6

161 PD 1996,0330,0.4 (Donated by Miss Ione Moncrieff St George Brett)

162 AOA 2008,2021.2; © Sarah Kizza

163 AOA Am2006,Drg.2896

164 PD 1912,0819.6 (Donated by Henry Currie Marillier)

165 P&E 1952,0202.2 (Donated by Major M.C. Donovan through Sir R.E. Mortimer Wheeler)

166 GR 1836,0224.127

167 PD 2004,0601.49 (Bequeathed by Alexander Walker); © David Nash. All rights reserved, DACS 2012

168 AOA Am2003,19.14 (Purchased with contributions from J.P. Morgan Chase, the British Museum Friends,

the Art Fund and the Heritage Lottery Fund)
170 PD 1888,0215.67 (Donated by Isabel Constable)
171 © The Trustees of the Royal Botanic Garden, Kew
172 P&E 1989,0105.1
173 Asia OA+.3163
175 Asia 2004,0330,0.4 (Donated by Kiyota Yûji); © Kiyota Yûji Work
176 AOA Am1949,22.118
178 © Natural History Museum, London
179 AOA Am1977,Q.3
180 P&E 1855,1201.103
182 PD H,2.27
183 GR 1857,1220.434
184 P&E M.6903
185 GR 1939,0607.1 (Purchased with contribution from the Art Fund)
186 PD 1913,0714.69
187 PD SL,5226.96 (Bequeathed by Sir Hans Sloane)
188 P&E 1989,1103.1
189 GR 1805,0703.38
190 PD E,2.7 (Bequeathed by Joseph Nollekens through Francis Douce)
191 P&E 1958,1201.3268
193 PD 1962,0714.1.40
194 PD 1887,0502.113 (Donated by Samuel Calvert)
195 P&E 1923,0216.3.CR (Donated by James Powell & Sons, Whitefriars Glassworks)
196 PD 1929,1109.4 (Donated by Henry van den Bergh through the Art Fund)
197 PD 1938,1209.3 (Donated by E. Kersley)
198 Asia 1938,0524.179
199 Asia MAS.926.a–b
200 PD SL,5284.101 (Bequeathed by Sir Hans Sloane)
202 Asia 1907,1111.73
203 Asia 1908,0718,0.2 (Donated by Sir Hickman Bacon)
204 PD 1948,0410.4.214 (Bequeathed by Sir Hans Sloane)
205 PD 1869,1009.30
206 P&E 1864,0816.1 (Bequeathed by George Daniel)
207 PD 1841,1211.59
208 GR 1837,0609.42
209 ME OA+.4286
210 GR 2001,0508.1 (Purchased with a contribution from the Olympic Museum)
211 PD 1861,0713.430
212 GR 1868,0105.46 (Donated by Dr George Witt)
213 P&E SLMisc.151 (Bequeathed by Sir Hans Sloane)
214 PD 1957,1214.148
215 PD 1890,0415.412 (Donated by Miss Sarah Deacon)
216 P&E WB.229 (Bequeathed by Baron Ferdinand Anselm de Rothschild)
217 PD SL,5218.167 (Bequeathed by Sir Hans Sloane)
218 CM C.4884
219 AOA Am1991,09.10.a–b
220 Asia 1881,1210,0.1895
221 Asia 1945,1017.418 (Bequeathed by Oscar Charles Raphael)
223 Asia 1973,0917,0.59.24
224 (右) GR 1856,1226.1007 (Bequeathed by Sir William Temple)
224 (左) PD 1974,1207.17 (Donated by Miss Rowlands)
225 PD 1974,0615.28 (Donated by Dame Joan Evans)
226 PD SL,5284.111 (Bequeathed by Sir Hans Sloane)
228 PD 2003,0630.91 (Funded by Arcana Foundation)
231 PD 1895,0915.517
232 PD 1868,0808.9382
233 Asia 1910,0212,0.476
234 Asia PDF.815 (On loan from Sir Percival David Foundation of Chinese Art)
235 Asia 1914,0319,0.2
236 Asia 1948,0410,0.65 (Donated by Henry Bergen)
237 PD 1897,0505.710 (Bequeathed by Augusta Hall, Baroness Llanover)
238 Asia 1936,0413.8 (Bequeathed by Reginald Radcliffe Cory)
239 PD SL,5219.144 (Bequeathed by Sir Hans Sloane)
240 (上) Asia Franks.2455 (Donated by Sir Augustus Wollaston Franks)
240 (右) Asia 1936,0413.44 (Bequeathed by Reginald Radcliffe Cory)
241 PD 1962,0714.1.36
242 Asia 1992,0416,0.4.10 (Purchase funded by the Brooke Sewell Permanent Fund)
243 P&E 1988,0705.1, 6, 7
244 Asia 1982,0518.1
245 Asia 1906,1220,0.1778
246 P&E 1938,0202.1 (Purchased with contributions from the Art Fund and the Christy Fund)

247 GR 1908,0414.1
248 PD 1943,0410.1
250 PD 1917,1208.250 (Donated by Nan Ino Cooper, Baroness Lucas of Crudwell and Lady Dingwall, in memory of Auberon Thomas Herbert, 9th Baron Lucas of Crudwell and 5th Lord Dingwall)
251 PD 2008,7057.1; © ARS, NY and DACS, London 2012
252 P&E 1978,1002.312 (Donated by Professor John Hull Grundy and Anne Hull Grundy)
253 CM M.8596
254 PD 1870,0709.283
255 P&E 1944,1001.20 (Donated by Miss M.H. Turner)
256 P&E 1935,0716.1.CR (Donated by Mrs Charles J. Lomax in memory of her husband)
258 PD 2001,0330.11 (Purchase funded by the British Museum Friends)
259 P&E 1863,1207.1 (Donated by Queen Victoria)
260 PD 1878,0713.1275
261 PD 1868,0308.6051
262 PD F,5.33 (Bequeathed by Clayton Mordaunt Cracherode)
265 (左) AOA Am1903,-63
265 (右) P&E Eu2005,0506.28
266 CM CIB.16027 (Donated by ifs School of Finance)
267 P&E R.30 (Donated by Augustus Wollaston Franks)
268 PD Y,5.62 (Donated by Dorothea Banks)
271 PD 1897,0505.851 (Bequeathed by Augusta Hall, Baroness Llanover)
272 PD Banks,2*.6
273 (下) AOA Am1981,Q.1921
273 (上) AOA Am,NWC.43 (Donated by Sir Joseph Banks)
274 PD 1932,0213.14 (Donated by G.C. Allingham)
275 PD SL,5275.26 (Bequeathed by Sir Hans Sloane)
276 House of Commons Library, on loan to the British Museum
277 P&E 2005,0604.1–2
278 PD D,2.2382 (Donated by Dorothea Banks)
279 AOA Af2006,12.6; © Daniel Oblie
280 PD 1979,0623.15.3
281 AOA Am1989,12.126
282 Asia 1999,0203,0.8 (Bequeathed by Major J.P.S. Pearson)
284 PD 1921,0411.1; © Ed Ruscha
286, 287 P&E WB.67 (Bequeathed by Baron Ferdinand Anselm de Rothschild)
289 (下) PD 1867,0309.1712
289 (上) PD SL,5284.111 (Bequeathed by Sir Hans Sloane)
291 CM 1986,0209.1; © Ronald Pennell
292 Asia 1842,1210.1
293 PD 1854,0708.135
294 Asia As1905,-.648
295 Asia 1989,0204,0.70; © Dinabandhu Mahapatra
296 CM M.9137
298 Photo: Richard Wilford
299 Photo: Richard Wilford

謝　辞

著者は以下のブリティッシュ・ミュージアム・プレス関係者に、本書の制作について感謝を捧げる。とりわけ、編集側のフェリシティー・モーンダーとそのアシスタントを務めたキャロリン・ジョーンズ、図版を調達してくれたアクセル・ラッソ、デザインのレイモンド・ワトキンズ、そして出版までの面倒を見てくれたシャーロット・ケイドとエマ・ポールターに感謝したい。

情報を寄せ、確認してくれた多くの方々にはいくらお礼を申し上げても十分とは言えない。

Philip Attwood
Giulia Bartrum
Lissant Bolton
Caroline Cartwright
Hugo Chapman
Jill Cook
John Curtis
Catherine Eagleton
Kazayuki Enami
Philippa Edwards
Irving Finkel
Celina Fox
Kathryn Godwin
Amanda Gregory
Alfred Haft
Jill Hasell
Thomas Hockenhull
Alison Hollis
Charlie Jarvis
Jonathan King
Tony Kirkham
Anouska Komlosy
Ian Jenkins
Mark McDonald
Richard Parkinson
Venetia Porter
Sascha Priewe
Judy Rudoe
Kim Sloan
Chris Spring
Jan Stuart
Dora Thornton
Hiromi Uchida
Helen Wang
Frances Wood

参考文献

Laura Aurrichio, Elizabeth Heckendorn Cook and Guilia Pacini (eds), *Invaluable Trees: Cultures of Nature, 1660–1830*, Voltaire Foundation, Oxford 2012

Terese Tse Bartholomew, *Hidden Meanings in Chinese Art*, San Francisco 2006

Maggie Campbell-Culver, *A Passion for Trees. The Legacy of John Evelyn*, London 2006

Peter Crane, *Ginkgo: The Tree That Time Forgot*, New Haven and London 2013

Charles Darwin, *The Origin of Species by Means of Natural Selection*, London 1985

Diana Donald and Jane Munro (eds), *Endless Forms. Charles Darwin, Natural Science and the Visual Arts*, New Haven and London 2009

Mircea Eliade, *Patterns in Comparative Religion*, London 1958, 4th imp. 1979

John Evelyn, *Sylva or a Discourse of Forest Trees and the Propagation of Timber in His Majesty's Dominions*, London 1664 (http://openlibrary.org/books/OL13518723M/Sylva)

James George Frazer, *The Golden Bough.* Edited with an introduction and notes by Robert Fraser, Oxford, 1994

Richard H. Grove, *Green Imperialism: Tropical Island Edens and the Origins of Environmentalism, 1260–1860*, Cambridge 1995

Fred Hageneder, *The Living Wisdom of Trees*, London 2005

Robert Pogue Harrison, *Forests. The Shadow of Civilization*, Chicago and London 1997

Charlie Jarvis, *Order out of Chaos*, London 2007

Tony Kirkham, *Wilson's China: A Century On*, Kew 2009

Mark Laird and Alicia Weisberg-Roberts (eds), *Mrs Delany and Her Circle*, New Haven and London 2009

William Bryant Logan, *Oak. The Frame of Civilization*, New York 2006

Neil MacGregor, *A History of the World in 100 Objects*, London 2010

M. M. Mahood, *The Poet as Botanist*, Cambridge 2008

Joseph Needham, *Science and Civilization in China: vol. 6, part 1, Botany*, Cambridge 1986

Therese O'Malley and Amy W. Meyers (eds), *The Art of Natural History: Illustrated Treatises and Botanical Paintings 1400-1850*, New Haven and London, 2008

The Metamorphoses of Ovid, Mary M. Innes (transl), Harmondsworth 1955, repr. 1970

Thomas Pakenham, *Remarkable Trees of the World*, London 2002

Anna Pavord, *The Naming of Names*, London 2005

Theodore W. Pietsch, *Trees of Life. A Visual History of Evolution*, Baltimore 2012

Pliny the Elder, *Natural History*, 10 vols, Cambridge 1910–62

Oliver Rackham, *Ancient Woodland: Its History, Vegetation and Uses in England*, London 1980

Jonathan Roberts, *Mythic Woods. The World's Most Remarkable Forests*, London 2004

Simon Schama, *Landscape and Memory*, London 1995

Kim Sloan, *'A noble art'* in *Amateur Artists and Drawing Masters c.1600-1800*, London 2000

Kim Sloan (ed.) *Enlightenment. Discovering the World in the Eighteenth Century*, London 2003. (In particular the section on the Natural World with chapters by Robert Huxley and Jill Cook.)

Keith Thomas, *Man and the Natural World: changing attitudes in England 1500–1800*, London 1983

Henry D. Thoreau, *Walden* Jeffrey S. Cramer (ed.), New Haven and London 2006

Colin Tudge, *The Secret Life of Trees. How They Live and Why They Matter,* London 2005

Virgil, *Georgics in Eclogues, Georgics, Aeneid, 1–6*, H. R. Fairclough (transl.), Cambridge and London 1986

Alexandra Walsham, *The Reformation of the Landscape. Religion, Identity, and Memory on Early Modern Britain and Ireland*, Oxford 2011

Andrea Wulf, *The Brother Gardeners*, London 2008

ウェブサイト

The British Museum collection online: To find out more about objects in all areas of the British Museum, visit britishmuseum.org/research/search_the_collection_database.aspx

Royal Botanic Gardens, Kew: http://www.kew.org

Natural History Museum, London: http://www.nhm.ac.uk/research-curation/departments/botany/index.html

The Plant List: http://www.theplantlist.org/

Started in 2010 as a joint project between the Royal Botanic Gardens, Kew and Missouri Botanical Garden, this provides a working list of all known plant species.

註

はじめに

1. Pliny, *Natural History*, XII.I.2–11, p. 5. H. Rackham (transl.), *Pliny, Natural History. Volume IV: Books XII–XVI*, Cambridge MA and London 1968.
2. W. H. Auden, *Bucolics, II: Woods* (for Nicolas Nabokov), in Edward Mendelson (ed.), *Selected Poems*, Boston and London 1979, p. 206. Copyright © 1955 by W. H. Auden, renewed. Reprinted by permission of Curtis Brown, Ltd.
3. Virgil, *The Aeneid*, VI.154–5. W. F. Jackson Knight (transl.), *The Aeneid*, London, repr. 1966, pp. 151–2.
4. *Ibid.*, VIII.294–326, p. 210.
5. These were published by Sloane in his *Catalogus Plantarum Quae In Insula Jamaica*, London 1696, and in his illustrated two-volume *Voyage to the Islands Madera, Barbados, Nieves, S. Christophers, and Jamaica, with the Natural History of the Herbs and Trees, Four-footed Beasts, Fishes, Birds, Reptiles, &c.*, London 1707 and 1725. Sloane's herbarium is one of the core collections of the Natural History Museum, London.
6. *Captain Cook's Journal during His First Voyage Round the World in H.M. Bark Endeavour 1768–71*, a literal transcription of the original MSS edited by Captain W. J. L. Wharton, London 1893. Available online through Project Gutenberg, 2004: http://www.gutenberg.org/files/8106/8106-h/8106-h.html.
7. Erasmus Darwin, *The Loves of the Plants*, Canto II, London 1789, p. 155.
8. Charles Darwin, *The Origin of Species By Means Of Natural Selection*, J. W. Burrow (ed.), repr. London 1985, p. 172.

第1部、第1章

1. *See*, for example, Sandra Knapp's history of taxonomy on the Natural History Museum's website: http://www.nhm.ac.uk/nature-online/science-of-natural-history/taxonomy-systematics.
2. *Romeo and Juliet*, 2.1.85–6. Stanley Wells and Gary Taylor (eds), *The Oxford Shakespeare. The Complete Works*, Oxford 1995.
3. Pliny, *Natural History*, XXV.IV.8. W. H. S. Jones (transl.), *Pliny, Natural History, Volume VII: Books XXIV–XXVII*, Cambridge MA and London 1968, p. 141.
4. Robert Huxley, 'Challenging the dogma: classifying and describing the natural world', in Kim Sloan (ed.), *Enlightenment. Discovering the World in the Eighteenth Century*, London 2003, p. 73.
5. Nehemiah Grew, *The Anatomy of Plants with an Idea of a Philosophical History of Plants and several other Lectures read before the Royal Society*, London 1682, p. 6.
6. *Ibid.*, p. 9.
7. *Catalogus Plantarum Quae In Insula Jamaica*, London 1696.
8. Arthur MacGregor (ed.), *Sir Hans Sloane, Collector, Scientist, Antiquary*, London 1994, p. 15.
9. 'American Pine, long leaves repeating in groups of three; multiple cones arising together'.
10. *See* Barry Cunliffe, *Europe Between the Oceans. Themes and Variations: 9000 BC – AD 1000*, New Haven and London 2008, p. 89.
11. Alexander von Humboldt and Aimé Bonpland, *Essay on the Geography of Plants*,

Stephen T. Jackson (ed. and intr.), Sylvie Romanowski (transl.), Chicago and London 2009, pp. 70–71. © 2009 by The University of Chicago.

12. Henry D. Thoreau, *Walden*, Jeffrey S. Cramer (ed.), Denis Donoghue (intr.), New Haven and London 2006, p. 89.
13. John Evelyn, *Sylva, or A Discourse of Forest Trees and the Propagation of Timber in his Majesties Dominions*, London 1664, Preface and pp. 1–2.
14. Anne Feuchter-Schawelka, Winfried Freitag and Dietger Grosser (eds), *Die Ebersberger Holzbibliothek: Vorgänger, Vorbilder und Nachfolger*, Ebersberg 2001, p. 31.
15. Diana Donald and Jane Munro (eds), *Endless Forms. Charles Darwin, Natural Science and the Visual Arts*, New Haven and London 2009, p. 8.
16. Jules Verne, *A Journey to the Centre of the Earth*, William Butcher (ed., transl. and notes), Oxford 1992, pp. 184–6. Reproduced by permission of Oxford University Press.
17. *See* J. R. Piggott, *Palace of the People. The Crystal Place at Sydenham 1854–1936*, London 2004, pp. 158–64.
18. *Ibid.*, p. 123.
19. Louis Figuier, *The World before the Deluge*, London 1865, p. 336.
20. *Ibid.*, pp. 141–2.
21. The fossil stumps visible today are internal casts formed by sand washed into the hollow centre of the decaying trunks and roots. This later hardened to sandstone with an outer layer of coal, formerly the tree bark, which was removed to reveal the sandstone casts.
22. Charles Darwin, *On the Origin of Species by Means of Natural Selection*, p. 171.
23. *See* Nathalie Gontier, 'Depicting the Tree of Life: the philosophical and historical roots of evolutionary tree diagrams', in *Evolution*, Education Outreach no. 4, 2011, pp. 515–38, and Theodore W. Pietsch, *Trees of Life. A Visual History of Evolution*, Baltimore 2012.

第２章

1. Robert Pogue Harrison, *Forests. The Shadow of Civilization*, Chicago and London 1997, pp. 7–8.
2. Mircea Eliade, *Patterns in Comparative Religion*, London 1958, 1979 (4th imp.), p. 286.
3. *See* Dominique Collon, *Ancient Near Eastern Art*, London 1995, p. 96.
4. From the 'standard inscription' carved across the centre of the wall panels from the Northwest Palace.
5. Colin McEwan and Leonardo Lopez Luján (eds), *Moctezuma. Aztec Ruler*, London 2009, cat. no. 90, pp. 206–7. *See also* Colin McEwan, Andrew Middleton et al, *Turquoise Mosaics from Mexico*, London 2006.
6. Wu Cheng'en, *Journey to the West* (*Hsi Yu Ki*), W. J. F. Jenner (transl.), Beijing 2004 (4th printing), 6, p. 442. Another very good translation is by Anthony Yu, *The Journey to the West*, Chicago and London 1977, 2 vols.
7. *Ibid.*, pp. 489–90.
8. Anthony Storr (selected and intr.), *The Essential Jung. Selected Writings*, London 1998, p. 78. *See* also Sonu Shamdasani (ed.), *The Red Book. Liber Novus. C.G. Jung*, New York and London, 2009.'
9. Authorized version of the Bible, Genesis 2:8–9 and 15–17.
10. *Ibid.*, Revelation 22:1–2.

11. *See* Paul Binski, 'The Tree of Life', in *Becket's Crown. Art and Imagination in Gothic England 1170–1300*, New Haven and London 2004, pp. 209–29.

12. Mary Carruthers, 'Moving images in the mind's eye', in Jeffrey Hamburger and Anne-Marie Bouché (eds), *The Mind's Eye. Art and Theological Argument in the Middle Ages*, Princeton 2006, p. 288.

13. *See* David Bindman, 'The English Apocalypse', in Frances Carey (ed.), *The Apocalypse and the Shape of Things To Come*, London 1999, pp. 208–63.

14. *See* 'Archive for Research in Archetypal Symbols', *The Book of Symbols*, Cologne 2010.

15. Authorized version of the Bible, Isaiah 11:1.

16. Don Paterson, *Orpheus: A version of Rilke's 'Die Sonnette an Orpheus'*, London 2006, p. 3.

17. Dante, *The Divine Comedy*, Vol. 1: *The Inferno*. Mark Musa (transl.), London 1984, Canto I.3, p. 67. Courtesy of Indiana University Press.

18. *Ibid.*, Canto XIII.6, p. 186.

19. *See* Antony Griffiths, 'Callot: Miseries of War', in *Disasters of War: Callot, Goya, Dix*, National Touring Exhibition organized by the Hayward Gallery with the Department of Prints and Drawings, British Museum, London 1998, pp. 11–25.

20. *See* Philip Attwood and Felicity Powell, *Medals of Dishonour*, London 2009, cat. no. 19, p. 77.

21. Juliet Wilson-Bareau, 'Goya: the disasters of war', in *Disasters of War*, California 1999, pp. 28–55.

22. David Jones, *In Parenthesis*, London 1978, p. 184.

23. Frances Carey and Antony Griffiths, *Avant-garde British Printmaking 1914–1960*, London 1990, pp. 62–5.

24. *See* Thomas G. Ebrey, 'Printing to perfection: the colour-picture album', in Clarissa von Spee (ed.), *The Printed Image in China from the 8th to the 21st Centuries*, London 2010, pp. 26–35.

25. J. H. Fuseli, *Lectures on Painting*, London 1820, p. 179.

26. W. S. Gilpin, *Three essays on Picturesque Beauty*, London 1794 (2nd edn), pp. 100–101.

27. *Ibid.*, pp. 49–50.

28. Uvedale Price, *An Essay on the Picturesque as compared with the Sublime and the Beautiful*, London 1794, p. 76.

29. *Ibid.*, p. 190.

30. *See* William Vaughan, 'The primitive vision (1823–5)', in William Vaughan, Elizabeth Barker and Colin Harrison, *Samuel Palmer 1805–1881. Vision and Landscape*, London 2005, pp. 75–104.

31. John Ruskin, *Praeterita*, first published London 1885–9, 2nd edn 1907, Vol II, p. 113.

32. *Ibid.*, p. 112.

33. John Ruskin, *The Elements of Drawing*, London 1892, p. 169.

34. *See* Kim Sloan, *J. M. W. Turner. Watercolours from the R. W. Lloyd Bequest*, London 1998, no. 44, p. 126.

35. James George Frazer, *The Golden Bough*, Robert Fraser (ed., intr. and notes), Oxford 1994, pp. 806–7.

第２部

バオバブ

1. Rudyard Kipling, *The Elephant's Child*, in *Just So Stories* (1902), Jonathan Stroud (intr.),

London 2008.

カバノキ

1. John Evelyn, *Sylva*, pp. 141–2.
2. Robert Frost, *Birches* (1915), in Steven Croft (ed.), *Robert Frost. Selected Poems*, Oxford 2011, p. 45.

カジノキ

1. Engelbert Kaempfer, *The history of Japan*, John Gaspar Scheuchzer (transl.), London 1727, p. 64.
2. Tsien Tsuen-Hsuin, *Paper and Printing*, Vol. V.1, Cambridge 1985, in Joseph Needham (ed.), *Science and Civilization in China*, 7 vols, Cambridge 1954–1999, pp. 57–9.

ツゲ

1. *See* P. Kevin, James Robinson et al, 'A musical instrument fit for a queen: the metamorphosis of a medieval citole' in British Museum Technical Research Bulletin (2008), 2, pp. 13–27 and Jan Ellen Harriman, 'From gittern to citole' in *Early Music* (2011), 39 (1), pp. 139–40
2. William Vaughan, 'The primitive vision (1823–5)', in William Vaughan, Elizabeth Barker and Colin Harrison, *Samuel Palmer 1805–1881. Vision and Landscape*, London 2005, p. 98.

シーダー

1. *The Epic of Gilgamesh*, Tablet II.v.216, Andrew George (transl.), London 2003 (repr.), p. 19.
2. *Ibid.*, Tablet V.v 1, p. 39 and V. ish 35' and 39', p. 46.
3. John Evelyn, *Sylva*, p. 59.
4. *The Epic of Gilgamesh*, Tablet V.v.295, p. 46.
5. *See* J. E. Curtis, *The Balawat Gates of Ashurnasirpal*, London 2008.
6. *Cymbeline*, 5.6.455–60. *The Oxford Shakespeare*.

ココヤシ

1. *Narrative of the circumnavigation of the globe by the Austrian frigate Novara . . . 1857, 1858, & 1859*, London 1861–3.
2. Robert Louis Stevenson, *The Complete Works* Vol. 21, Newcastle upon Tyne 2009, pp. 43–47.

サンザシ

1. *The History of that Holy Disciple Joseph of Arimathea*, 1770.
2. Richard Rawlinson, *The History and Antiquities of Glastonbury*, Oxford 1722, p. 222
3. www.everypoet.com/archive/poetry/Geoffrey_Chaucer/chaucer_poems_THE_COURT_OF_LOVE.htm

イトスギ

1. *The Metamorphoses of Ovid*, Mary M. Innes (transl.), Harmondsworth, 1955, repr. 1970 , X.105–8, pp. 227–8 and 137–42, p. 228
2. Pliny, *Natural History*, XVI.LIX.139, p. 479.
3. Henry D. Thoreau, *Walden*, Jeffrey S. Cramer (ed.), Denis Donoghue (intr.), New Haven and London 2006, for the quotation Thoreau gives from Gulistan. The ref. is p. 84.

イチジク

1. James Fenton (ed.), *D. H. Lawrence. Selected Poems*, London 2008, p. 93.
2. John Evelyn, *Sylva*.
3. Pliny, *Natural History*, XV.XXI.82, p. 345.
4. Mas'ūdī, *The Meadows of Gold*, Penguin Great Journeys, London 2007, p. 47.

トネリコ

1. John Evelyn, p. 23.
2. Homer, *The Iliad*, Robert Fagles (transl.), London 1991, 19.459–63, p. 501
3. Roger Deakin, *Wildwood: a Journey through Trees*, London 2006, pp. 382–3.

イチョウ
1. Engelbert Kaempfer, *The history of Japan*, John Gaspar Scheuchzer (transl.), London 1727, p. 66.
2. From Goethe's *West-östlicher Diwan* (1819), in *Goethe. Selected Verse*, David Luke (transl. and ed.), London 1986, p. 249. © David Luke, 1964.

ゲッケイジュ
1. *The Metamorphoses of Ovid*, I.518–557, p. 43
2. Pliny, *Natural History*, XV.XL.136–7, p. 381.

リンゴ
1. Homer, *The Odyssey*, Robert Fagles (transl.), London 1997, 24.379–380, p. 479
2. *The Metamorphoses of Ovid*, XIV.623–633, p. 328
3. Hesiod, *The Theogeny*, 285–287, C. A. Elton (transl.), London and New York n.d. (one of Sir John Lubbock's Hundred Books published by Routledge from 1896).

クワ
1. Pliny, *Natural History*, XV.XVII.97, p. 355.

オリーブ
1. Homer, *The Odyssey*, 13.108–117, p. 289
2. Pliny, *Natural History*, XV.III.11–12, p. 295.
3. *Ibid*., XV.V.19, p. 301.

マツ
1. Virgil, *The Aeneid*, IX.83–93, p. 227
2. *Three Hundred Tang Poems*, Peter Harris (transl.), London 2009, pp. 225–6.

ポプラ
1. 'The Interpreter's House', no. 28, February 2005, p. 41.

ウメ・アンズ・モモ・サクランボ
1. *The Poems of Mao Zedong*, Willis Barnstone (transl, intr. and notes) Berkeley, Los Angeles and London 2008, p. 105.
2. Pliny, *Natural History*, XV.XII.45, p. 319.
3. The Oxford Shakespeare. 2.2 238–243, p. 1235.
4. Engelbert Kaempfer, *The history of Japan*, John Gaspar Scheuchzer (transl.), London 1727, p. 66.
5. Pliny, *Natural History*, XV. XXX.102–3, p.359.

オーク
1. Herodotus, *The Histories*. Robin Waterfield (transl.), Oxford 1998, 2.54–55, p. 117.
2. Homer, *The Odyssey*, 14.370–3, p. 312
3. Pliny, *Natural History*, XVI.II.6–7, p. 391 and V.II, p. 395.
4. Pliny, *Natural History*, XVI.VI.15, p.397.
5. Quoted in Antony Griffiths and Frances Carey, *German Printmaking in the Age of Goethe*, London 1994, p. 114.
6. *See* Charlotte Gere and Judy Rudoe, *Jewellery in the Age of Queen Victoria. A Mirror to the Age*, London 2010, pp. 105–6.
7. Pliny, *Natural History*, XVI.XCV.249, p. 549.
8. *See* Barry Cunliffe, *Druids. A Very Short Introduction*, Oxford 2010.

ナツメ
1. Pliny, *Natural History*, XIII.XIII.111, p. 165.
2. *See* John Cherry, *The Holy Thorn Reliquary*, London 2010.

おわりに
1. *Big Yellow Taxi*. Words and music by Joni Mitchell. © 1970 (Renewed), Crazy Crow Music. All rights administered by Sony/ATV Music Publishing, 8 Music Square West, Nashville, TN 37203. All Rights Reserved.
2. Revd John Sinclair, *Life and Works of The Late Right Honourable Sir John Sinclair*, 2 vols, Edinburgh 1837, I, p. 111.
3. Wangari Maathai, 'The silent forests', in *The Guardian*, 25 November 2011.

【著者】
フランシス・ケアリー（Frances Carey）大英博物館で版画・素描部門副部長、ナショナル・プログラムの責任者、パブリック・エンゲージメント活動などを経て、現在はその専門知識を生かしフリーでコンサルタント、キュレーターとして活躍。2008〜12年まで、大英博物館と王立キュー植物園との協同で博物館前庭に展示した植物環境シリーズのランドスケープ作成に携わる。著書・共著書に*The Apocalypse and the Shape of Things to Come*、*Modern Scandinavian Prints*、*German Printmaking in the Age of Goethe*、*Avant-Garde British Printmaking 1914-1960*、*The Print in Germany 1880-1933*など。

【訳者】
小川昭子（おがわあきこ）国際基督教大学卒業。訳書に、J・ティルストン『わたしが肉食をやめた理由』、L・ドッシー『平凡な事柄の非凡な治癒力—健康と幸福への14章』（以上日本教文社）、D・コートライト『ドラッグは世界をいかに変えたか』（春秋社）、J・クラットン=ブロック『猫の博物館』（東洋書林）、D・S・トーレッキー『LISPやさしい記号計算入門』（啓学出版）など主に一般教養書を手がけている。ほかにスーザン・ラニース、フィリパ・メリマン『大英博物館　図説金と銀の文化史』（柊風舎）、T・コールドウェル『パウロ、神のライオン』（三陸書房）をはじめ共訳・翻訳協力多数。

Shufusha

図説 樹木の文化史
知識・神話・象徴

2016年1月8日　第1刷

著　者　フランシス・ケアリー
訳　者　小川昭子
装　丁　古村奈々
発行者　伊藤甫律
発行所　株式会社　柊風舎

〒161-0034 東京都新宿区上落合1-29-7 ムサシヤビル5F
TEL 03-5337-3299 ／ FAX 03-5337-3290

印刷／文唱堂印刷株式会社
製本／小高製本工業株式会社

ISBN978-4-86498-031-9